中国牦牛寄生虫形态分类图谱

CLASSIFIC ATLAS OF PARASITES FOR YAKS IN CHINA

雷萌桐　蔡进忠　主编

中国农业出版社
农村读物出版社
北　京

图书在版编目（CIP）数据

中国牦牛寄生虫形态分类图谱 / 雷萌桐，蔡进忠主编. —北京：中国农业出版社，2022.6
ISBN 978-7-109-29708-1

Ⅰ.①中… Ⅱ.①雷… ②蔡… Ⅲ.①牦牛—牛病—寄生虫学—中国—图谱 Ⅳ.①S858.23-64

中国版本图书馆 CIP 数据核字（2022）第 130671 号

中国农业出版社出版
地址：北京市朝阳区麦子店街 18 号楼
邮编：100125
责任编辑：刘 伟　　文字编辑：耿韶磊
版式设计：杨 婧　　责任校对：刘丽香
印刷：中农印务有限公司
版次：2022 年 6 月第 1 版
印次：2022 年 6 月北京第 1 次印刷
发行：新华书店北京发行所
开本：787mm×1092mm 1/16
印张：9.75
字数：240 千字
定价：60.00 元

资　助　项　目

青海省科学技术厅对外合作项目：

牦牛皮蝇蛆病的免疫诊断与防治新技术研究示范（2005-N-520）

科技部国际合作专项：

牦牛寄生虫病流行病学与可持续控制技术研究（2008DFA30470）

国家自然科学基金项目：

青藏高原犊牦牛寄生蠕虫感染动态研究（31060340）

农业部公益性行业（农业）科研专项：

放牧动物蠕虫病防控技术研究与示范（201303037）

青海省科学技术厅资助项目：

牦牛体内外寄生虫病高效低残留防治新技术集成与示范（2015-NK-511）

青海省农业农村厅资助专项：

青海省动物寄生虫病流行病学调查研究（2009-QNMY-06）

国家外专局资助专项：

放牧动物寄生虫病高效低残留防治新技术引进与示范（Y2018630000）

高原放牧牦牛藏羊隐孢子虫病、球虫病流行病学调查研究（20126300054，20136300030）

科技部国家重点研发计划：

青藏高原牦牛高效安全养殖技术应用与示范-课题5：牦牛重要疫病防控技术集成与应用（2018YFD0502305）

畜禽重大疫病防控与高效安全养殖综合技术研发-课题6：家畜寄生虫病防控新制剂和合理用药新技术（2017YFD0501206）

青海省科学技术厅重大科技专项：

牦牛提质增效技术集成与产业化示范-课题7：牦牛寄生虫病高效低残留防治新技术集成示范（2016-NK-A7-B7）

依托平台：

青海省牛产业科技创新平台

青海省动物疾病病原诊断与绿色防控技术研究重点实验室

编 者 名 单

主　编　雷萌桐（青海省畜牧兽医科学院）

蔡进忠（青海省畜牧兽医科学院）

副主编　李春花（青海省畜牧兽医科学院）

参　编　马豆豆（青海省畜牧兽医科学院）

韩　元（青海省畜牧兽医科学院）

胡国元（青海省畜牧兽医科学院）

王　芳（青海省畜禽遗传资源保护利用中心）

孙　建（青海省畜牧兽医科学院）

李　英（青海大学农牧学院）

万玛吉（青海省海北藏族自治州祁连县畜牧兽医站）

主　审　黄　兵（中国农业科学院上海兽医研究所）

编　写　说　明

牦牛是青藏高原及毗邻地区经自然界严峻选择和自身适应而形成的一种特有牛种和特色生物资源，是高寒草地畜牧业经济的重要支柱畜种，其对高寒生态条件适应性极强。我国牦牛资源十分丰富，数量占世界牦牛总数量的95%以上，由于依赖天然草场放牧饲养，寄生虫病是牦牛的常见多发病，是长期制约牦牛养殖业发展的主要原因之一，直接影响养牛业经济效益。根据现有的调查资料，寄生于牦牛的寄生虫达151种，隶属6门、10纲、21目、40科、65属。其中，多种寄生虫还是人兽共患寄生虫。要防治牦牛寄生虫病，首先需了解其形态。为便于读者对我国牦牛寄生虫种类的基本形态有初步了解，青海省畜牧兽医科学院组织多位兽医寄生虫学科技工作者编撰了《中国牦牛寄生虫形态分类图谱》。本书较系统地介绍了我国牦牛的151种寄生虫的基本形态结构，全书图文并茂，介绍了所属6门、10纲、21目、40科、65属的分类特征，读者依据本书可对常见的牦牛寄生虫进行分类鉴定。

本书的编排以原虫、吸虫、绦虫、线虫、节肢动物为序，每个虫种包括种名（中文名、拉丁名、命名人、命名年）、形态结构、宿主与寄生部位、形态图等4部分。

鉴于编者的能力和学识有限，书中可能存在许多不足之处，敬请读者指正。

编　者

2020年6月

目　　录

第三部分　绦虫　PART Ⅲ：CESTODE

第四部分 线虫 PART Ⅳ: NEMATODE

第五部分　节肢动物　PART V：ARTHROPOD

第一部分　原　　虫

PART Ⅰ：PROTOZOON

原虫为单细胞动物，在 Levine（1985）出版的《兽医原虫学》中被列为亚界。本部分包括 3 门、5 纲、4 目、6 科、7 属的 23 种原虫。

肉足鞭毛门　Sarcomastigophora Honigberg et Balamuth，1963

有鞭毛或伪足，或二者兼有。单核，典型的无孢子形成。如具有有性生殖，基本上为配子生殖。

动物鞭毛虫纲　Zoomastigophora Calkins，1909

有 1 根或多根鞭毛，有些类群有阿米巴型虫体，有些类型具有有性阶段。

双滴虫目　Diplomonadida Wenyon，1926

两侧对称，有 2 个核鞭毛体，每个鞭毛体有 1～4 根鞭毛，无线粒体或高尔基复合体，核内分裂为有丝分裂，有包囊。

六鞭原虫科　Hexamitidae Kent，1880

两侧对称，具 6 根或 8 根鞭毛，双核。

▶ 贾第属　*Giardia* Kunstler，1882

（特征同科）

1. 蓝氏贾第鞭毛虫　*Giardia lamblia* Stiles，1915

形态结构：有滋养体和包囊两种生存形式。滋养体如同纵切的半个梨，长 9.50～21.00 μm，宽 5.00～15.00 μm，厚 2.00～4.00 μm，前端钝圆，后端渐尖，背面呈半球形，腹面前半部向内凹陷，形成吸盘。虫体左右对称，每侧各有 4 根鞭毛，根据所在部位分别定名为前侧鞭毛、后侧鞭毛、腹鞭毛和尾鞭毛。细胞核 1 对，卵圆形，泡状，各有个大的核仁，与核膜间无染色质。4 对毛基体以核内侧 2 对明显，在两核间有 1 对纵贯全虫的轴柱，相互平行，在其中部吸盘后有 1 对半月形中体（又名中间体或付基体）。包囊为椭圆形，大小为（8.00～12.00）μm×（7.00～10.00）μm。囊壁与虫体间有明显的间隙，成熟的包囊内有 4～16 个核。囊内虫体除没有游离鞭毛外，其他结构与滋养体相同（图 1）。

宿主与寄生部位：牦牛、牛、马、犬、猫、兔。小肠和大肠。

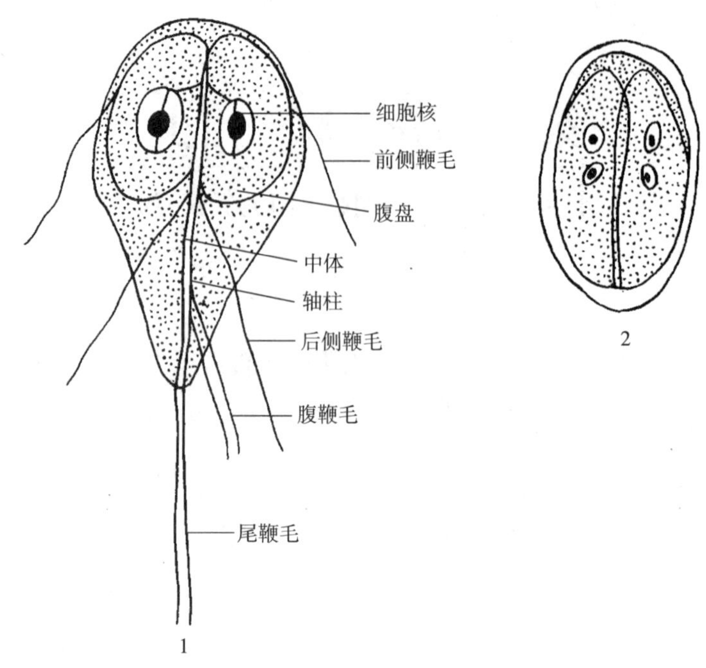

图 1　蓝氏贾第鞭毛虫（*Giardia lamblia*）
1. 滋养体　2. 包囊

顶器复合门　Apicomplexa Levine，　1970

有顶器，出现于某些发育阶段，包括极环、棒状体、微丝体、类锥体和膜下微管。单核，无纤毛。以配子生殖，为有性繁殖。常形成包囊。

类锥体纲　Conoidasida Levine，1988

类锥体呈完全截形锥体状，具有有性繁殖和无性繁殖，卵囊中有子孢子。通过身体的屈曲、滑行、纵脊的波动或鞭毛的甩动而运动。一些群居的小配子中常具有鞭毛，一般无伪足，如有则用于摄食而不是运动。单宿主或异宿主。

真球虫目　Eucoccidiorida Léger et Duboscq，1910

有裂殖生殖、配子生殖和孢子生殖，典型的细胞内寄生虫。类锥体不形成突器或顶节。

艾美耳科　Eimeriidae Minchin，　1903

在一定的宿主细胞内发育，没有并体子，卵囊内形成孢子囊，孢子囊内有子孢子。裂殖生殖、配子生殖在宿主体内进行，孢子生殖在体外。小配子有 2～3 根鞭毛。

▶ **艾美耳属**　*Eimeria* Schneider，1875

每个成熟卵囊内有 4 个孢子囊，每个孢子囊内有 2 个子孢子。

2. 牛艾美耳球虫　*Eimeria bovis*（Züblin，1908）Fiebiger，1912

形态结构：卵囊呈卵圆形，大小为（15.19～20.58）μm×（21.07～34.30）μm。卵囊壁为 2 层，厚 0.98～1.10 μm，外壁无色，内壁为淡黄褐色，有卵膜孔。无卵囊残体和极粒。孢子囊呈长卵圆形，大小为（5.88～8.35）μm×（11.72～18.25）μm，内有斯氏体，孢子囊残体呈颗粒状。子孢子粗端有一折光体（图 2）。

宿主与寄生部位：牦牛、奶牛、水牛、黄牛。小肠、盲肠、结肠、直肠。

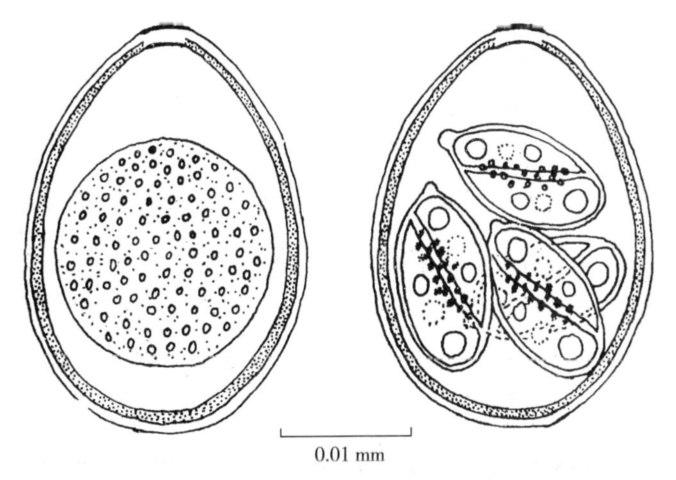

图 2 牛艾美耳球虫（*Eimeria bovis*）

3. 邱氏艾美耳球虫 *Eimeria züerni*（Rivolta，1878）Martin，1909

形态结构：卵囊呈短椭圆形或亚球形，大小为（12.25～20.0）μm×（17.78～19.11）μm。卵囊壁为 2 层，平滑、无色，囊壁厚 0.74～0.78 μm。无卵膜孔、外残体及极粒。孢子囊呈卵圆形，大小为（7.35～14.21）μm×（4.90～5.88）μm，内有斯氏体和呈颗粒状的孢子囊残体，子孢子的粗端有一清晰的折光体（图 3）。

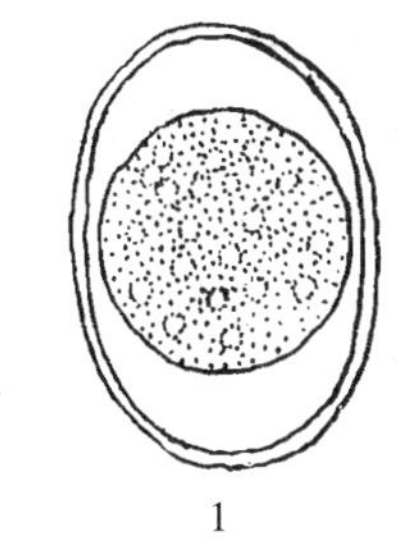
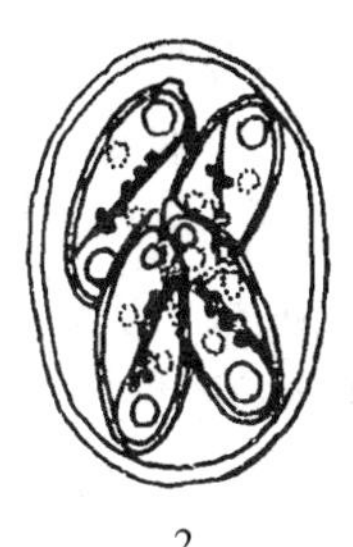

图 3 邱氏艾美耳球虫（*Eimeria züerni*）
1. 未孢子化卵囊 2. 孢子化卵囊

宿主与寄生部位：牦牛、奶牛、水牛、黄牛。小肠、大肠。

4. 柱状艾美耳球虫 *Eimeria cylindrica* Wilson，1931

形态结构：卵囊小，以长椭圆形为主，也有椭圆形及亚圆形者，淡黄色至黄色，少数无色。卵囊壁光滑，分 2 层，外膜与内膜均甚薄，厚度相同。无可见卵膜孔，无极帽，无极粒。卵囊大小为（16.20～24.08）μm×（12.10～19.30）μm。原生质团位于中央或靠近一端，其直径为 10.20～13.60 μm。发育成熟的卵囊内有 4 个孢子囊。孢子囊小，形状以椭圆形为主，也有梭形及短椭圆形者。孢子囊大小为（11.25～15.00）μm×（3.75～7.50）μm。孢子囊一端有突出的小塞。每个孢子囊内有 2 个呈鱼形反向并列的子孢子。子孢子长为 7.50～11.00 μm，宽为 2.63～4.10 μm。折光体明显，直径为 2.20～3.75 μm，核不明显。孢子囊内残体由 4～7 个小颗粒组成，位于两个子孢子间及其附近。卵囊内无外残体。孢子发育时间为 2.5 d（图 4）。

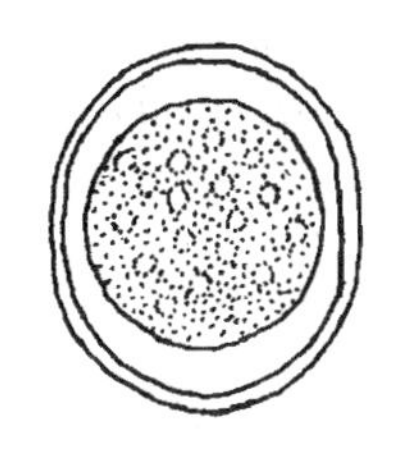

图 4 柱状艾美耳球虫（*Eimeria cylindrica*）

宿主与寄生部位：牦牛、奶牛、水牛、黄牛。小肠、结肠。

5. 怀俄明艾美耳球虫 ***Eimeria wyomingensis*** **Huizinga et Winger, 1942**

形态结构：卵囊呈梨形，淡黄色至黄褐色，囊壁粗糙，分 2 层，外膜薄而内膜厚，有卵膜孔，无极帽，也无极粒。卵囊的最宽部在后部，其大小为（37.13～44.25）μm×（26.56～30.38）μm。原生质团位于中央或后部，直径为 20.43～23.80 μm。发育成熟的卵囊内有 4 个孢子囊。孢子囊大，呈椭圆形，个别为梭形，大小为（17.87～22.50）μm×（8.25～10.88）μm，一端有小而平的小塞。每个孢子囊内有 2 个子孢子，反方向排列，大小为（12.0～18.33）μm×（4.50～6.0）μm。折光体和核不明显，等大，互相靠拢，折光体直径为 3.75～4.10μm，核的直径也为 3.75～4.10 μm。孢子囊内一般无残体，个别的有。卵囊内无外残体。孢子发育时间为 7d（图 5）。

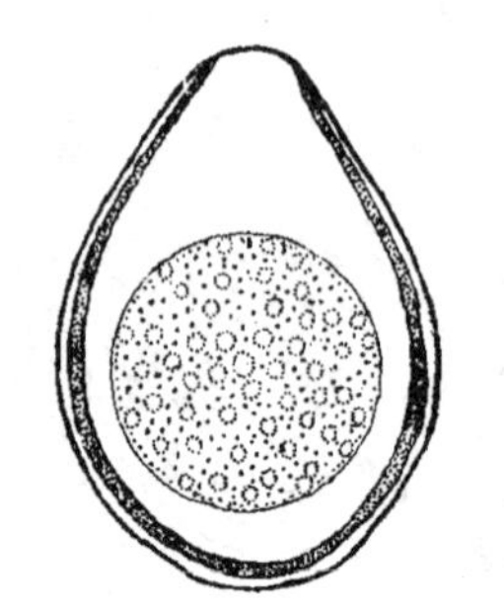

图 5　怀俄明艾美耳球虫
（*Eimeria wyomingensis*）

宿主与寄生部位：牦牛、奶牛、水牛、黄牛。小肠。

6. 奥博艾美耳球虫 ***Eimeria auburnensis*** **Christensen et Porter, 1939**

形态结构：卵囊呈长卵圆形，淡黄色至黄褐色，壁光滑或粗糙，分 2 层，外膜薄而内膜厚，锐端有显著的卵膜孔，孔宽而壁薄，无极帽，也无极粒。卵囊大小为（34.00～45.00）μm×（23.24～26.40）μm。原生质团位于中央或稍后方，直径为 17.00～21.52 μm。发育成熟的卵囊内，有 4 个长椭圆形的孢子囊，其大小为（16.60～23.13）μm×（7.48～9.28）μm。在其一端有凸出的小塞。每个孢子囊内有 2 个呈鱼形的子孢子，反方向并列，子孢子长为 14.60～17.25 μm，宽为 3.32～6.00 μm，折光体和核明显。折光体直径为 3.32～4.13 μm，平均为 3.82 μm；核的直径为 2.49～2.57 μm。孢子囊内有明显的内残体，由大量小颗粒组成。卵囊内无外残体。孢子发育形成时间为 4d（图 6）。

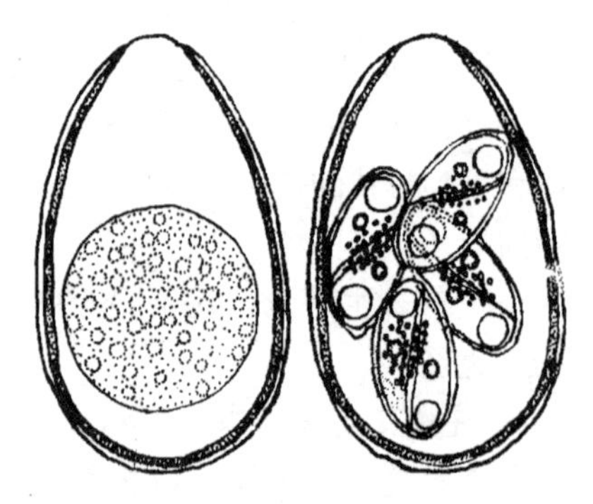

图 6　奥博艾美耳球虫
（*Eimeria auburnensis*）

宿主与寄生部位：牦牛、奶牛、水牛、黄牛。小肠、结肠。

7. 巴西艾美耳球虫 ***Eimeria brasiliensis*** **Torres et Ramos, 1939**

形态结构：卵囊大，呈椭圆形或长椭圆形，略不对称，淡黄色至黄色，壁光滑，厚 2.80 μm，分为 2 层，外膜薄而内膜厚。有显著的卵膜孔和凸出的极帽，极帽宽为 8.40 μm，高为 2.38～3.40 μm。卵膜孔内有 2 个圆形的极粒。卵囊的大小为（37.40～41.50）μm×（23.80～28.50）μm。原生质团位于卵囊中央，其大小为（28.30×20.40）μm～22.80 μm。发育成熟的卵囊内有 4 个长椭圆形的孢子囊，个别为梭形，其大小为（15.30～19.50）μm×（6.67～10.13）μm，孢子囊的一端有短平的小塞。每个孢子囊内有 2 个鱼形或楔形的子孢子，反方向斜列。子孢子大小为（11.30～17.0）μm×（3.40～

7.50）μm。子孢子有大而明显的折光体和核，折光体直径为 3.40～4.88 μm；核的直径为 2.40～3.75 μm。孢子囊内有残体或缺。如卵囊内无外残体。孢子发育形成时间为 5 d（图 7）。

宿主与寄生部位：牦牛、奶牛、水牛、黄牛。小肠、结肠。

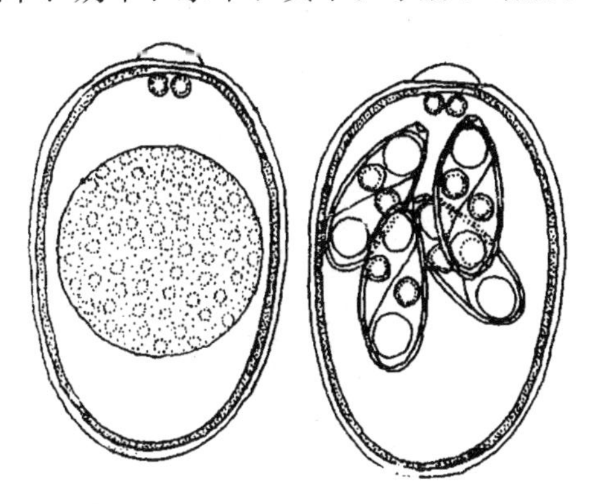

图 7　巴西艾美耳球虫（*Eimeria brasiliensis*）

8. 加拿大艾美耳球虫　*Eimeria canadensis* Bruce，1921

形态结构：卵囊呈椭圆形或卵圆形，淡黄色至黄褐色，壁光滑或粗糙，外膜薄而内膜厚，有明显的卵膜孔，无极帽，也无极粒。卵囊大小为（26.25～33.30）μm×（19.70～27.50）μm。原生质团位于中央或一侧，其直径为 16.60～23.80 μm。发育成熟的卵囊内有 4 个孢子囊。孢子囊多数为长椭圆形，少数为椭圆形，大小为（14.60～19.30）μm×（6.61～8.30）μm。小塞小而稍平。每个孢子囊内有 2 个呈鱼形或逗点形的子孢子，反方向排列，其大小为（10.50～13.80）μm×（2.75～4.95）μm。折光体明显，直径为 2.49～4.70 μm，核不甚明显。孢子囊内有小颗粒状残体或者缺如。卵囊内无外残体。孢子发育形成时间为 4 d（图 8）。

宿主与寄生部位：牦牛、奶牛、水牛、黄牛。小肠、结肠。

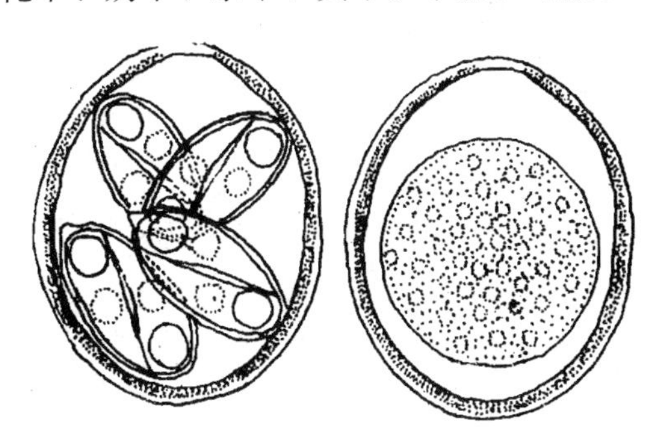

图 8　加拿大艾美耳球虫（*Eimeria canadensis*）

9. 皮利他艾美耳球虫　*Eimeria pellita* Supperer，1952

形态结构：卵囊呈卵圆形至长椭圆形，淡黄色至黄色，壁光滑，外膜薄而内膜厚，两层壁厚 2.00～2.80 μm，有卵膜孔，宽为 5.60～7.00 μm，无极帽，也无极粒。卵囊大小为（33.20～40.40）μm×（22.50～29.60）μm。原生质团位于中央或稍后方，其大小为（20.40～27.20）μm×（17.00～27.20）μm。发育成熟的卵囊内有 4 个梭形或长椭圆形的孢子囊。孢子囊大小为（18.00～22.30）μm×（7.80～10.70）μm，有短平的小塞。每个孢子囊内有 2 个鱼形、楔形或腊肠形的子孢子。子孢子大小为（12.38～19.30）μm×

（3.32～7.50）μm，折光体和核大而明显，相互比较靠近，折光体直径为3.75～5.00 μm；核的直径为3.75～4.10 μm。孢子囊内无残体。卵囊内无外残体。孢子发育形成时间为5 d（图9）。

宿主与寄生部位：牦牛、奶牛、水牛、黄牛。肠道。

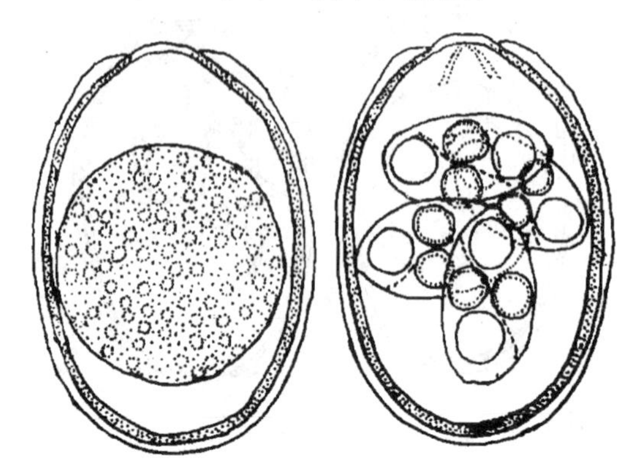

图9 皮利他艾美耳球虫（*Eimeria pellita*）

10. 椭圆艾美耳球虫 *Eimeria ellipsoidalis* Becker et Frye，1929

形态结构：卵囊呈椭圆形，无色或淡黄色，囊壁分为2层，外膜薄，内膜厚，无膜孔，无极帽，也无极粒。卵囊大小为（17.00～21.60）μm×（13.60～15.30）μm。原生质团位于中央，平均直径为6.80 μm。发育成熟的卵囊内有4个孢子囊，孢子囊呈长椭圆形，平均大小为10.8 μm×5.70 μm。每个孢子囊内有2个楔形子孢子，反方向排列，平均大小为6.80 μm×2.70 μm。卵囊内无外残体。孢子囊内有残体。孢子发育形成时间为3 d（图10）。

宿主与寄生部位：牦牛、奶牛、水牛、黄牛。小肠。

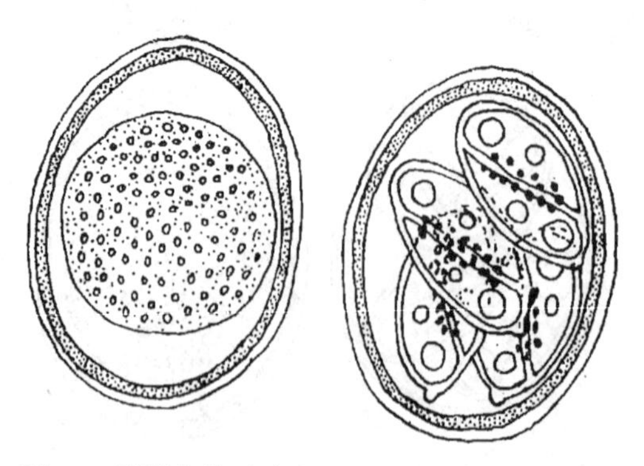

图10 椭圆艾美耳球虫（*Eimeria ellipsoidalis*）

11. 亚球形艾美耳球虫 *Eimeria subspherica* Christensen，1941

形态结构：卵囊呈球形或亚球形，无色，囊壁分为2层，外膜薄，内膜厚，无极孔，无极帽，也无极粒。卵囊大小为（11.90～13.60）μm×（10.90～11.90）μm。原生质团位于中央，直径平均为6.30 μm。发育成熟的卵囊内有4个孢子囊，孢子囊呈椭圆形，大小平均为8.40 μm×4.80 μm。每个孢子囊内有2个楔形子孢子，其大小平均为6.60 μm×2.30 μm。卵囊内无外残体。孢子囊内也无内残体。孢子发育形成时间为4d（图11）。

宿主与寄生部位：牦牛、奶牛、水牛、黄牛。小肠、结肠。

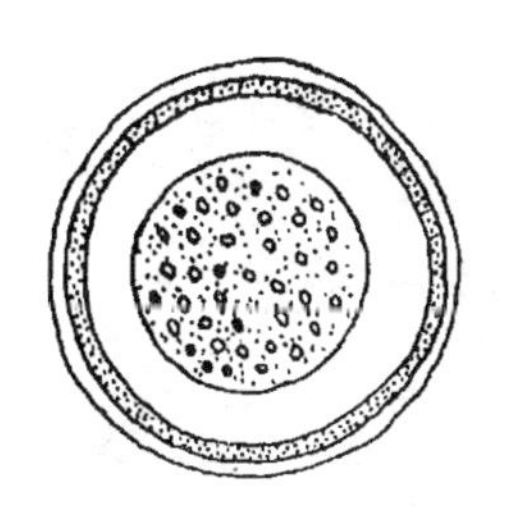

图 11　亚球形艾美耳球虫（*Eimeria subspherica*）

12. 阿拉巴马艾美耳球虫　*Eimeria alabamensis* Christensen，1941

形态结构：卵形或锥形或不对称形。卵囊壁薄、均匀、光滑、透明，无卵膜孔、极粒和外残体，大小为（15.38～28.20）μm×（12.82～17.95）μm，平均为 21.79 μm×15.38 μm。形状指数为 1.20～1.60，平均为 1.44，孢子化后的卵囊中常有少数分散的颗粒，孢子囊长卵形或椭圆形，大小为（10.26～15.38）μm×（5.13～7.69）μm，平均为 12.21 μm×6.41 μm。子孢子有一折光体，无内残体，斯氏体不明显（图 12）。

宿主与寄生部位：牦牛、奶牛、水牛、黄牛。小肠、结肠。

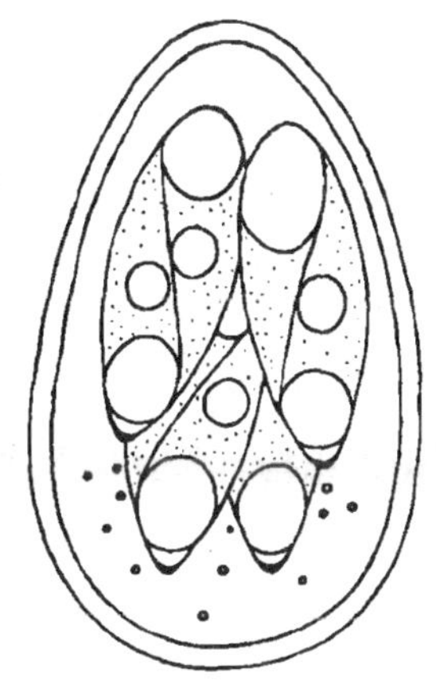

图 12　阿拉巴马艾美耳球虫（*Eimeria alabamensis*）

13. 伊利诺斯艾美耳球虫　*Eimeria illinoisenis* Levine et Ivens，1967

形态结构：卵囊为椭圆形或卵圆形，壁 2 层，外层较厚，淡黄色，内层薄，淡棕黄色，像一层膜，有卵膜孔，但不明显，无极粒和外残体，大小为（23.08～29.49）μm×（17.95～23.08）μm，平均为（26.00～28.00）μm×（20.00～51.00）μm，形状指数为 1.25～1.64，平均为 1.42。孢子囊呈长卵圆形，大小为（12.82～17.95）μm×（5.13～6.41）μm，平均为 14.40 μm×5.77 μm，有斯氏体和内残体（图 13）。

宿主与寄生部位：牦牛、奶牛、水牛、黄牛。肠道。

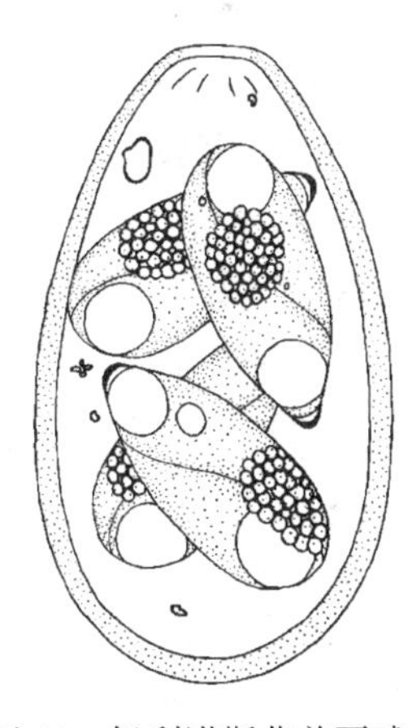

图 13　伊利诺斯艾美耳球虫（*Eimeria illinoisenis*）

14. 孟买艾美耳球虫　*Eimeria bombayansis* Rao et Hiregauder，1954

形态结构：卵囊呈椭圆形、圆柱形或不对称形（一边穹隆形，一边平直），卵囊壁光滑透明而且均匀，有卵膜孔，大小为（33.37～46.15）μm×（19.25～32.05）μm，平均为 41.16 μm×25.32 μm，形状指数为 1.35～1.89，平均为 1.63。孢子囊大小为（15.38～23.08）μm×（7.69～8.97）μm，平均为 19.23 μm×7.95 μm。无外残体，有内残体，呈团块状或散在颗粒状，这 2 种残体可同时出现在一个卵囊内。子孢子钝端有一个较明显的折光体（图 14）。

宿主与寄生部位：牦牛、奶牛、黄牛。肠道。

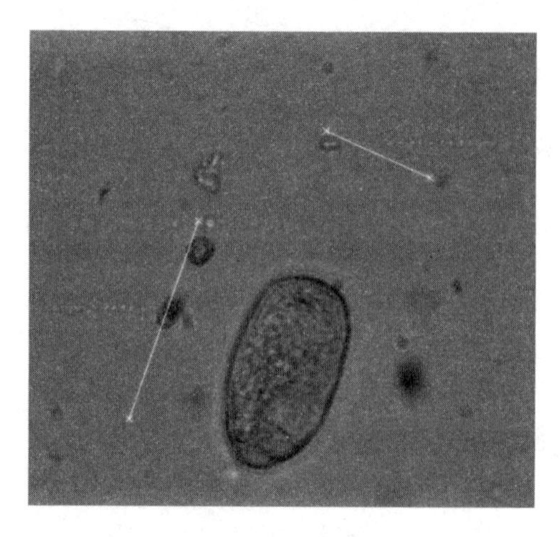

图 14　孟买艾美耳球虫（*Eimeria bombayansis*）

15. 拔克朗艾美耳球虫　*Eimeria bukidnonensis* Tubangui，1931

形态结构：卵囊呈梨状，棕色至深棕色；壁 2 层，外层较厚，粗糙呈放射状条纹，淡棕黄色，内层薄，色暗而光滑，有卵膜孔。卵囊大小为（40.90～51.80）μm×（27.90～36.20）μm，卵形指数为 2.00±0.10。孢子囊大小为（20.20～22.10）μm×（9.50～10.80）μm，有斯氏体，折光体细长，不规则到豆状，折光体大小为（8.40～10.50）μm×（4.90～6.60）μm。无外残体。孢子发育形成时间为 6～7d（图 15）。

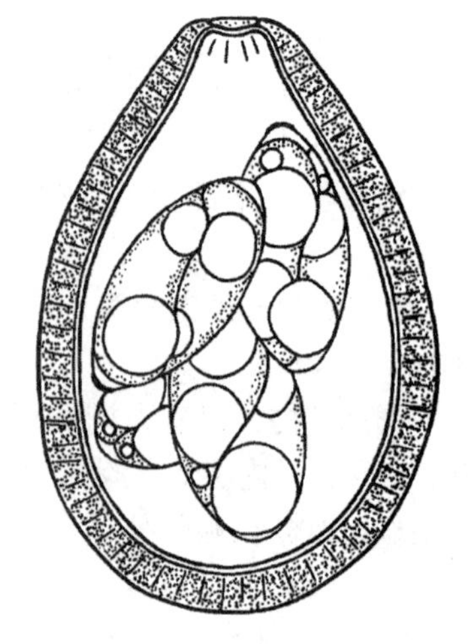

图 15　拔克朗艾美耳球虫（*Eimeria bukidnonensis*）

宿主与寄生部位：牦牛、奶牛、水牛、黄牛。肠道。

住肉孢子虫科　Sarcocystidae Poche，1913

异宿主，有配子生殖和卵囊，无并体子，卵囊内有 2 个孢子囊，每个孢子囊内有 4 个子孢子，寄生于终宿主肠内，于中间宿主体内进行无性繁殖。

▶ 住肉孢子虫属　*Sarcocystis* Lankester，1882

住肉孢子虫属各虫种在形态构造上大致相同。通常见到的虫体是寄生在肌肉组织间、与肌纤维平行的包囊（米氏囊），多呈纺锤形，卵圆形或圆柱状等，色灰白至乳白，小的肉眼难以看到，大的可达 1 cm 至数厘米。

16. 梭形住肉孢子虫　*Sarcocystis fusiformis*（Railliet，1897）Bernard et Benche，1912

同物异名：牛住肉孢子虫

形态结构：寄生在宿主的肌肉组织，形成与肌纤维平行的包囊（称为米氏囊），多呈梭形或圆柱形，颜色灰白至乳白色，肉眼能见，长 10 mm 左右。囊壁分内、外两层，内层向囊腔延伸，将其隔成很多小室，小室内有许多香蕉形滋养体。包囊表面覆盖有网状细丝结构，囊壁内层凸起呈花椰菜状，分支，边缘凹陷，内有微管（图 16）。

宿主与寄生部位：终宿主为猫，中间宿主为黄牛、水牛、牦牛。食道肌、横纹肌、心肌。

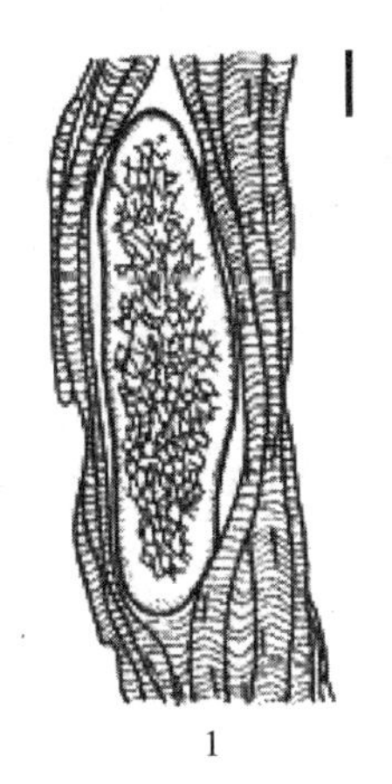

图 16 梭形住肉孢子虫（*Sarcocystis fusiformis*）
1. 牛肌肉内的包囊 2. 滋养体

17. 牦牛住肉孢子虫 *Sarcocystis poephagi* Wei，et al.，1985

形态结构：新鲜虫体包囊白色或灰白色，虫体包囊较长，肉眼容易看见，多为两端稍尖的线状，沿肌纤维方向寄生，也有呈粗棒状的。压片观察，包囊呈多样性，如线状、杆状、柳叶状、扭曲毛发状、蚯蚓状等，长短粗细不一，其大小为（0.55～40.00）mm×（0.07～0.79）mm。未染色包囊其色较肌肉略深。伊红染色标本中，包囊壁呈淡红色，较厚，厚度为3.07～18.42 μm，囊壁上有横纹，囊壁光滑，均匀一致。包囊表面有龟裂状条纹即为膈，较囊壁略深，呈红色。挤压时包囊易从肌纤维中游离出来，状如蚯蚓，游离的包囊破裂后，可释放出许多月牙形的慢殖子（图 17）。

宿主与寄生部位：终宿主为犬、猫，中间宿主为牦牛。膈肌。

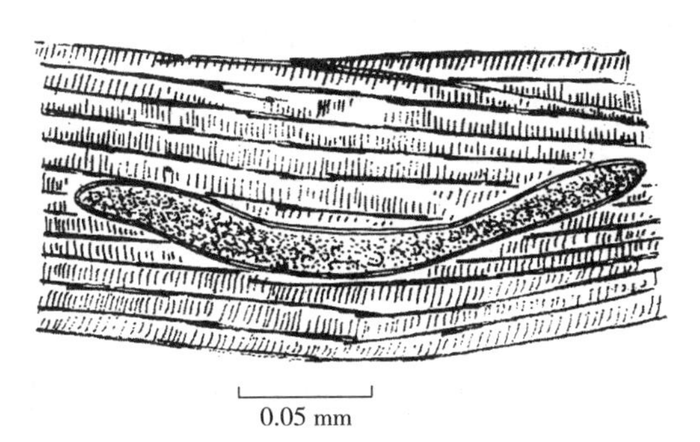

图 17 牦牛住肉孢子虫（*Sarcocystis poephagi*）（肌纤维中的包囊）

18. 牦牛犬住肉孢子虫 *Sarcocystis poephagicanis* Wei，et al.，1985

形态结构：肉眼观察包囊为白色或灰白色，包囊较小，肉眼几乎不易看见。其大小为（0.10～0.49）mm×（0.04～0.29）mm。压片观察，包囊多呈桑葚状或蚕蛹状，伊红染色呈紫红色，包囊壁很薄，隐约可见为一层均质膜构成，包囊边缘随其膈而下凹，膈为包囊壁向包囊内延伸部，几乎与囊壁厚度相等，膈交织将包囊分割成许多小室，各小室间距较宽而明显，数目也较少，形状为彼此不相连的多边状。新鲜标本包囊易从肌肉纤维中挤压游离，表面光滑。囊的小室内含月牙形的殖子（图 18）。

宿主与寄生部位：终宿主为犬，中间宿主为牦牛。心肌。

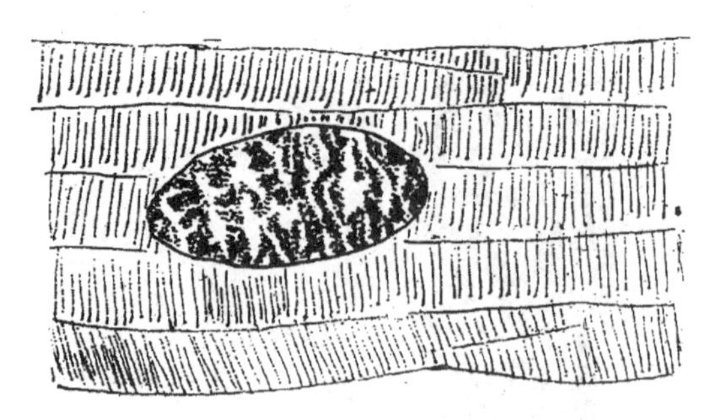

图 18 牦牛犬住肉孢子虫（*Sarcocystis poephagicanis*）（肌纤维中的包囊）

弓形虫属 *Toxoplasma* Nicolle et Manceaux, 1909

裂殖体可存在于各种不同的细胞内，其无性阶段可从一个中间宿主传播到另一中间宿主，不形成母细胞。宿主细胞核位于裂殖体壁外。

19. 刚地弓形虫 *Toxoplasma gondii* Nicolle et Manceaux, 1908

形态结构：速殖子，又称滋养体，其形态有弓形、香蕉形、橄榄形、卵圆形和圆形等，典型的虫体多呈弓形，前端稍尖，后端钝圆，大小为（4.00～7.00）μm×（2.00～4.00）μm，经姬氏液染色后，细胞质呈浅蓝色，核呈紫红色。在宿主细胞外可见有游离的单个虫体，在宿主细胞内可见有分裂增殖的 2 联、4 联、8 联以至菊花瓣排列的虫体，以及在巨噬细胞内分裂增殖，并有以巨噬细胞膜为其外膜，内含数个到数百个速殖子的假囊。卵囊在猫科动物肠道形成，并随粪便排到外界，呈卵圆形，有两层膜，大小为（11.00～14.00）μm×（9.00～11.00）μm。没有孢子化的卵囊，内含 1 个孢子体或充盈的内质团块。孢子化卵囊，内含 2 个卵圆形的孢子囊，每个孢子囊含有 4 个弯曲的子孢子，其大小为（6.00～8.00）μm×2.00 μm，有内残体（图 19）。

图 19 刚地弓形虫（*Toxoplasma gondii*）滋养体

宿主与寄生部位：终宿主为猫。寄生部位为肠。中间宿主为牦牛、犬、猪、山羊、黄牛、水牛、马、鸡、鸭、鹅。寄生部位为体内细胞。

无类锥体纲 Aconoidasida Mehlhorn, Peters et Haberkom, 1980

梨形虫目 Piroplasmida Wenyon, 1926

虫体呈梨形、圆形、杆形或阿米巴形，无锥体，没有卵囊、孢子囊或假包囊，无鞭毛。有顶环（极环）、棒状体，寄生于红细胞内，有时也在其他细胞内。异宿主，在脊椎动物体内行裂殖生殖，在无脊椎动物体内行孢子生殖。蜱为媒介。

巴贝斯科 Babesiidae Poche, 1913

较大的梨形、圆形或卵圆形虫体，发育期虫体通常于红细胞中。顶器退化，繁殖有二分裂和裂殖生殖两种方式，无有性繁殖。

巴贝斯属 *Babesia* Starcovici, 1893

（特征同科）

20. 双芽巴贝斯虫　*Babesia bigemina* Smith et Kiborne，1893

形态结构：大型虫体，其长度大于红细胞半径，多数位于红细胞中央，一个红细胞内的虫体常为1～2个，偶尔见3个。虫体呈梨籽形、圆形、椭圆形及不规则形等，典型的呈双梨籽形，尖端以锐角相连。每个虫体内有一团染色质块。虫体经姬氏法染色后，细胞质呈淡蓝色，染色质呈紫红色。虫体形状随病情发展而有变化，开始出现时以有单个虫体为主，随后双梨籽形虫体所占比例逐渐增多（图20）。

宿主与寄生部位：牦牛、黄牛、水牛。红细胞。

图20　双芽巴贝斯虫（*Babesia bigemina*）的各种形态
（仿李德昌，1985）

泰勒科　Theileriidae du Toit，1918

虫体小，呈圆形、卵圆形和其他形，顶器退化。裂殖生殖在淋巴样细胞及其他细胞中进行，然后侵入红细胞内。

▶ 泰勒属　*Theileria* Bettencourt，Franca et Borges，1907

（特征同科）

21. 环形泰勒虫　*Theileria annulata*（Dschunkowsky et Luhs，1904）Wenyon，1926

形态结构：红细胞内的虫体为血液型虫体（即配子体），一个红细胞内一般有1～3个虫体，最多可达11个。虫体小、形态多样，有圆环形、杆形、卵圆形、梨籽形、逗点形、圆点形、十字架形、三叶形等多种形状，其中以圆环形和卵圆形为主。圆形虫体直径为0.60～1.60 μm，椭圆形虫体大小为（0.80～1.80）μm×（0.50～1.50）μm，杆形虫体长为0.90～2.10 μm，逗点形虫体长为0.80～1.40 μm，三叶形虫体大小为（0.80～2.20）μm×（0.50～0.80）μm，球菌形虫体呈圆形点状，直径为0.60～0.80 μm，双球形虫体直径为0.50～0.80 μm，十字架形虫体由4个球菌形虫体组成，大小为0.40～0.80 μm。在巨噬细胞和淋巴细胞内的多核虫体为石榴体（即裂殖体，又称柯赫氏蓝体），裂殖体呈圆形、椭圆形或肾形，用姬氏法染色，虫体细胞质呈淡蓝色，其中包含许多紫红色颗粒状的核。裂殖体有2种类型：一种为大型裂殖体，呈圆形、椭圆形或不规则形状，平均直径为8.00 μm，少数可达15.00～27.00 μm，能产生直径为2.00～2.50 μm的大裂殖子；另一种为小型裂殖体（有性生殖体），形态与大型裂殖体相同，其大小为（4.00～15.00）μm×（3.00～12.00）μm，能产生直径为0.70～1.00 μm的小裂殖子（图21）。

宿主与寄生部位：牦牛、黄牛。红细胞、网状内皮系统。

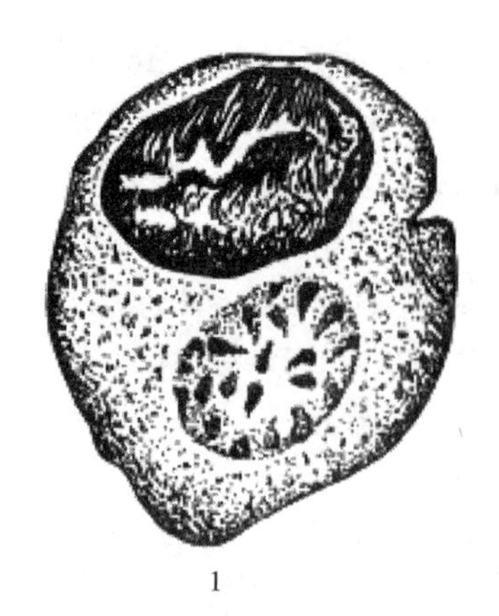

图 21　环形泰勒虫（*Theileria annulata*）

1. 巨噬细胞中裂殖体　2. 游离的裂殖体

22. 瑟氏泰勒虫　*Theileria sergenti* Yakimoff et Dekhtereff，1930

一些学者认为本种与环形泰勒虫 *Theileria annulata* 为同一种。寄生于红细胞内，形态也是有环形、椭圆形、逗点形和杆形等多样形态，但其主要特点是杆形类虫体始终多于圆形类虫体。杆形与圆形之比为 1∶（0.19～0.85）（图 22）。

宿主与寄生部位：牦牛、奶牛、黄牛。红细胞。

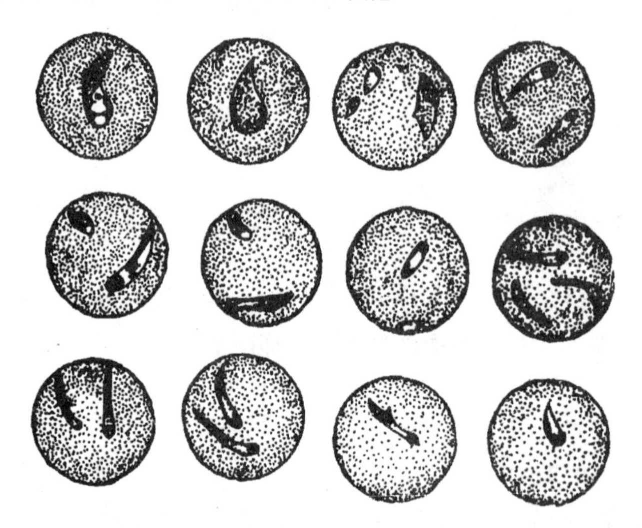

图 22　瑟氏泰勒虫（*Theileria sergenti*）

纤毛虫门　Ciliophora Doffein，　1901

生活史中至少有一个阶段有纤毛或复合纤毛器官，有表膜下的纤毛结构（infraciliature），有 2 个异形核，一大一小。横向二分裂繁殖，有性繁殖为接合生殖、自体交合（autogamy）和细胞交合（cytogamy）。

动基裂纲　Kinetofragminophorea De Puytorac，et al.，1974

纤毛排列简单而均匀，胞口不明显，口部结膜下纤毛结构与体下的表膜下纤毛结构稍有不同。胞咽多围有刺杆，无复合纤毛器。

毛口目 Trichostomatida Bütschli，1889

（特征同纲）

小袋虫科 Balantidiidae Doflein et Reichehou， 1958

近虫体前端有前庭，形成胞口，后端有胞肛，纤毛均一，寄生于消化道。

小袋虫属 *Balantidium* Claparède et Lachmann，1858

（特征同科）

23. 结肠小袋虫 *Balantidium coli*（Malmsten，1857）Stein，1862

形态结构：结肠小袋虫在发育过程中有滋养体和包囊 2 个时期。滋养体呈椭圆形，大小变异很大，一般长为 50.00～200.00 μm，宽为 30.00～100.00 μm。体表有许多纤毛，沿斜线排列成行，纤毛做规律性的运动，使虫体以较快的速度旋转向前运动。虫体前端有一胞口，与漏斗状的胞咽相连。胞口与胞咽处也有许多纤毛。胞口附近的纤毛运动时可将食物驱入胞口和胞咽，并在胞咽的底部积累成食物泡。食物泡装满后即脱离胞咽随内质的运动而流动。伸缩泡有 2 个，一个在虫体中部，另一个在后部，后部的伸缩泡似有一小管通向胞肛。有大核和小核各 1 个，大核大多在虫体中央，呈肾形；小核甚小，呈球形，常位于大核的凹陷处。包囊呈圆形或椭圆形，新鲜时呈绿色或黄色，直径为 40.00～60.00 μm，囊壁较厚而透明。在新形成的包囊内，可清晰地见到滋养体在囊内活动，但不久即变成一团颗粒状的细胞质。包囊内有核、伸缩泡，甚至食物泡（图 23）。

宿主与寄生部位：牦牛、猪、骆驼。大肠。

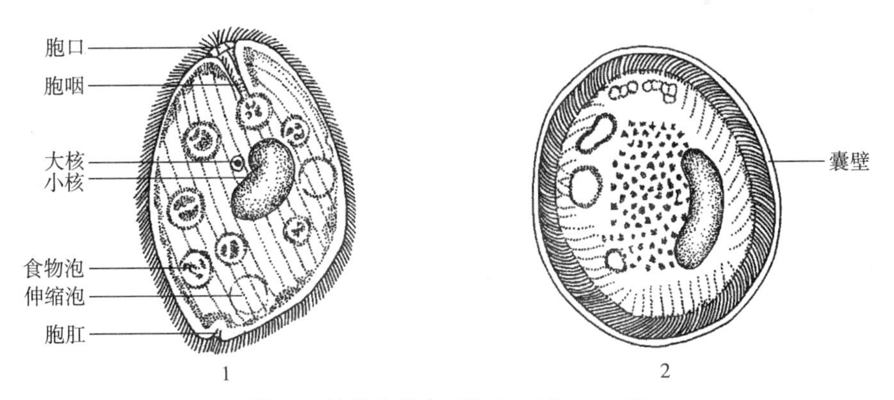

图 23 结肠小袋虫（*Balantidium coli*）

1. 滋养体 2. 包囊

第二部分 吸 虫

PART Ⅱ：TREMATODE

吸虫属扁形动物门，本部分包括1门、1纲、3目、5科、11属的25种吸虫。

扁形动物门 Platyhelminthes Claus, 1880

虫体背腹扁平，左右对称。消化道简单或退化，大多无肛门。排泄系统为原肾管，两侧对称，有收集管和毛细管，末端为焰细胞。生殖器官很发达，大多雌雄同体。有终宿主和1～2个中间宿主。

吸虫纲 Trematoda Rudolphi, 1808

成虫无纤毛，外形呈叶状、舌状，有的近似圆形或圆柱状，仅分体科虫为线状。在虫体前端围绕口孔处有一口吸盘。多数种类腹面有腹吸盘，有的在虫后端，称后吸盘，吸盘起固着作用。除分体科外，均为雌雄同体。雄性生殖器官有2个睾丸，各有1条输出管，2管合为1条输精管，其远端膨大为储精囊，囊末端为雄茎，并有前列腺。雌性生殖器官有卵巢、输卵管、受精囊、卵模、梅氏腺、卵黄腺、劳氏管和子宫。消化系统有口、前咽、咽、食道，2条肠管分别位于体两侧，末端封闭，有的连成环状，有的再合成1条，无肛门。具排泄囊和排泄孔。

枭形目 Strigeata La Rue, 1926

尾蚴具分叉，通常有2个吸盘，毛蚴有1～2对焰细胞。

短咽科 Brachylaimidae Joyeux et Foley, 1930

虫体呈叶状或舌状，口吸盘及咽发达，食道短，两肠支伸达体末端。睾丸前后排列于虫体后部。雄茎细小，排泄囊呈"Y"形，卵小。寄生于鸟类和哺乳类肠道以及鸟的腔上囊。

▶ **斯孔属** *Skrjabinotrema* Orloff, Erschoff et Badenin, 1934

小型吸虫，虫体呈卵圆形，体表有棘。口吸盘及咽均小。睾丸大而圆，斜列。雄茎囊长，呈"S"状，横列于睾丸前方。生殖孔开口于体中部左侧。卵巢位于右睾丸前方，卵黄腺自腹吸盘前沿肠管到卵巢前方。子宫自睾丸前盘曲至肠管分支后方。

24. 羊斯孔吸虫 ***Skrjabinotrema ovis* Orloff, Erschoff et Badenin, 1934**

同物异名：绵羊斯孔吸虫

形态结构：虫体细小，卵圆形，褐色，大小为(0.70～1.12) mm×(0.30～0.70) mm。口吸盘和腹吸盘都很小。睾丸2个，卵圆形，左右斜列于虫体后1/3处。生殖孔开口于睾丸前方的侧面。卵巢圆形，比睾丸小，位于睾丸的前侧方，与雄茎囊相对排列。子宫高度发育，盘曲在虫体中部。子宫内充满大量重叠的小卵。卵黄腺位于虫体两侧，前自咽部水平开始，后达卵巢的前缘。虫卵椭圆形，卵壳厚，暗褐色，虫卵一端有盖，另一端有一小的凸出物，刚排出的虫卵内含毛蚴。虫卵大小为（24.00～32.00）μm×（16.00～20.00）μm（图 24）。

宿主与寄生部位：牦牛、黄牛、绵羊、山羊。小肠。

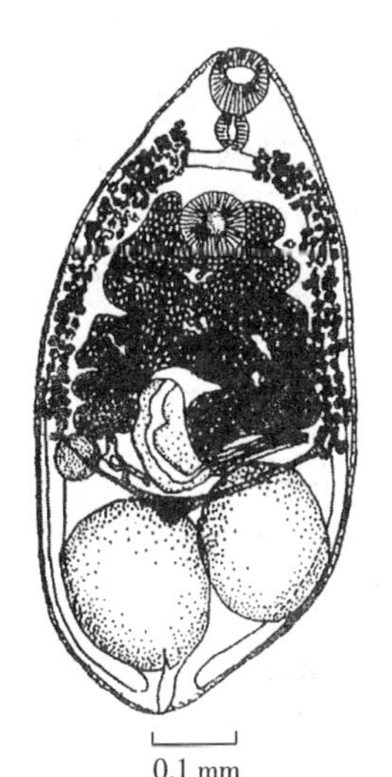

图 24 羊斯孔吸虫
（*Skrjabinotrema ovis*）

棘口目 Echinostomata La Rue，1957

尾蚴具长的体部和健壮的单尾，毛蚴有 1 对焰细胞，尾蚴在雷蚴中发育。

片形科 Fasciolidae Railliet，1895

虫体扁大，肌肉发达，口吸盘与腹吸盘距离很近。睾丸、卵巢分支。睾丸前后排列于体后部。卵巢位于睾丸前侧方，卵黄腺分布于肠管两侧，汇合于睾丸之后。子宫位于睾丸前。卵大，壳薄，椭圆形。寄生于人或哺乳动物肝胆管或肠道。

片形属 *Fasciola* Linnaeus，1758

虫体为叶状，有明显的头锥。口吸盘位于体亚前端。咽发达，食道短，两肠管左右分开至体后端，具内外侧支。腹吸盘位于头锥下方，口吸盘与腹吸盘大小相等。睾丸分支，生殖孔开口于肠管分支下方。卵巢分支。卵黄腺从头锥基部向后至体后端。成虫寄生于反刍动物肝胆管中。

25. 大片形吸虫 *Fasciola gigantica* Cobbold，1856

形态结构：大型吸虫，虫体呈叶片状，头部尖，两体侧近平行，后端钝圆，长度超过宽度的 2 倍以上，大小为（35.00～77.00）mm×（5.00～13.00）mm，有明显的头锥。咽比食道长，口吸盘小，位于虫体前端，腹吸盘大，位于肠叉后。肠支的外侧分支与肝片吸虫相似，但内侧分支很多，并有明显的小支。睾丸分支多，且有小支，约占虫体的 1/2，卵巢分支也较多。虫卵呈深黄色，大小为（145.00～209.00）μm×（71.00～107.00）μm（图 25）。

宿主与寄生部位：牦牛、黄牛、水牛、绵羊、山羊、骆驼、马、驴、骡、猪、兔。胆管、胆囊。

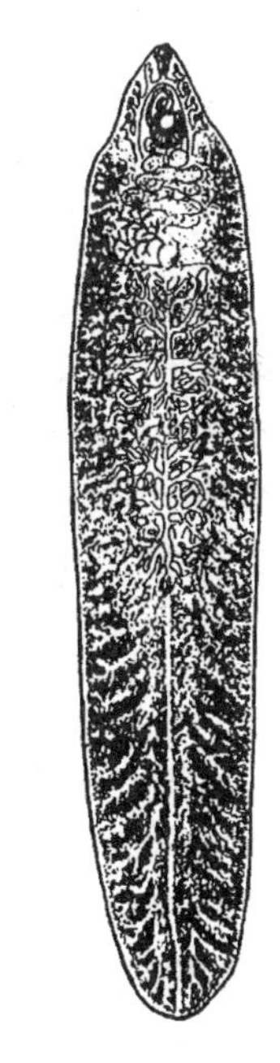
图 25 大片形吸虫
（*Fasciola gigantica*）

26. 肝片形吸虫 *Fasciola hepatica* Linnaeus，1758

形态结构：大型吸虫，背腹扁平，外观呈树叶状，活时为棕红色，固定后变为灰白色，大小为（21.00～41.00）mm×（9.00～14.00）mm。体表被有小的皮棘，棘尖锐利。虫体前端有一呈三角形的锥状突，在其底部有 1 对“肩”，肩部以后逐渐变窄。口吸盘呈圆形，直径约 1.00 mm，位于锥状突的前端。腹吸盘较口吸盘稍大，位于其稍后方。生殖孔位于口吸盘与腹吸盘之间。肠管分叉后形成较多侧支，其中外侧支多，内侧枝少而短。睾丸2个，呈分支状，前后排列于虫体的中后部。卵巢呈鹿角状，位于腹吸盘后的右侧。卵黄腺由许多褐色颗粒组成，分布于体两侧，与肠管重叠。子宫呈曲折重叠，位于腹吸盘后，内充满虫卵。虫卵呈长卵圆形，黄色或黄褐色，前端较窄，后端较钝，常有小的粗隆，卵盖不明显，卵壳薄而光滑，半透明，分两层，卵内充满卵黄细胞和1个胚细胞，虫卵大小为（133.00～157.00）μm×（74.00～91.00）μm（图26）。

图26　肝片吸虫
（*Fasciola hepatica*）

宿主与寄生部位：牦牛、黄牛、水牛、犏牛、马、驴、骡、绵羊、山羊、骆驼、猪、兔。胆管、胆囊。

同盘科　Paramphistomatidae Fischoeder，1901

虫体呈圆锥形或椭圆形，口吸盘不具后支囊，腹吸盘位于体末端或亚末端腹面。无咽，无食道球。生殖孔开口于肠分支的前后缘。卵巢位于体后部，卵黄腺位于虫体两侧，排泄孔开口于体后背面中央。

同盘属　*Paramphistomum* Fischoeder，1900

虫体乳白色，腹吸盘位于体末端亚腹面，口吸盘与腹吸盘大小比为1∶（1.5～3.4），两肠支弯曲伸至腹吸盘。睾丸2个，呈圆形或分瓣，位于体中部或中部稍后，前后列或左右斜列。储精囊回旋弯曲，生殖孔位于肠分支后，无生殖吸盘或生殖盂。卵巢位于睾丸后，卵黄腺位于口腹吸盘间体两侧，子宫自卵巢后弯曲，上升经睾丸背面向前至生殖孔。寄生于反刍动物的瘤胃、皱胃与胆管中。

27. 鹿同盘吸虫　*Paramphistomum cervi*（Zeder，1790）Fischoeder，1901

形态结构：虫体呈圆锥形或纺锤形，乳白色，大小为（8.80～9.60）mm×（4.00～4.40）mm。口吸盘位于虫体前端，腹吸盘位于虫体亚末端，口吸盘与腹吸盘大小之比为1∶2。缺咽，肠支很长，经3～4个回旋弯曲，伸达腹吸盘边缘。睾丸2个，呈横椭圆形，前后相接排列，位于虫体中部。储精囊长而弯曲，生殖孔开口于肠支起始部的后方。卵巢呈圆形，位于睾丸后侧缘。子宫在睾丸后缘经数个回旋弯曲后，沿睾丸背面上升，开口于生殖孔。卵黄腺发达，呈滤泡状，分布于肠支两侧，前自口吸盘后缘，后至腹吸盘两侧中部水平。虫卵呈椭圆形，淡灰色，卵黄细胞不充满整个虫卵，大小为（125.00～132.00）μm×（70.00～80.00）μm（图27）。

宿主与寄生部位：牦牛、黄牛、水牛、犏牛、绵羊、山羊。瘤胃。

28. 后藤同盘吸虫　*Paramphistomum gotoi* Fukui，1922

形态结构：虫体呈长圆锥形，前端稍窄，后端钝圆，体后1/3部位最宽，虫体表皮有乳头状突起，虫体大小为（8.20～10.20）mm×（2.60～3.40）mm。口吸盘位于顶端，前部平切，后部钝圆呈瓶状，大小为（1.12～1.36）mm×（0.80～0.92）mm，腹吸盘呈圆盘状，大小为（1.70～1.92）mm×（1.60～1.92）mm，口吸盘与腹吸盘大小之比为1∶1.8，腹吸盘直径与体长之比为1∶4.5。两肠支呈微波状弯曲，末端达卵巢与腹吸盘之间。睾丸边缘不规则或具有2～4个浅分瓣，前后排列于虫体中部、两肠支之间，前睾丸大小为（0.73～1.52）mm×（0.85～1.36）mm，后睾丸大小为（0.94～1.28）mm×（1.12～1.55）mm。储精囊很长，经6～8个回旋弯曲，开口于生殖孔。生殖孔开口于接近食道的中

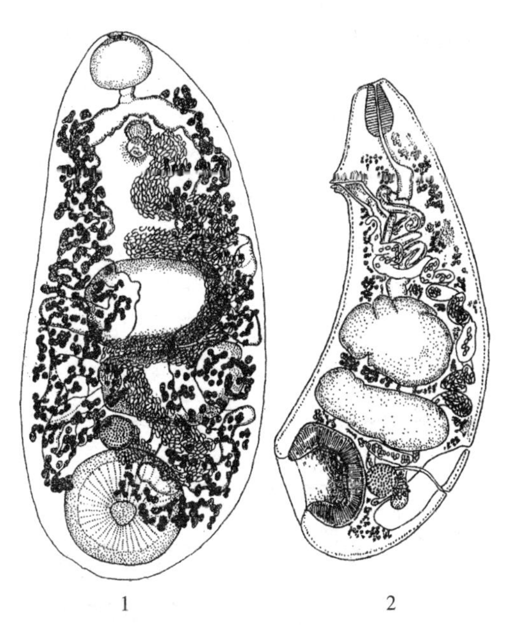

图 27　鹿同盘吸虫（*Paramphistomum cervi*）

1. 成虫腹面观　2. 纵切面

（1. 仿 Stunkard，1929；2. 仿 Fischoeder，1903）

部。卵巢呈球状，位于后睾丸后缘一侧，直径为 0.32～0.42 mm。梅氏腺位于卵巢之旁。卵黄腺始自肠分叉附近，向后沿肠支两侧伸至腹吸盘前缘。子宫回旋弯曲，末端开口于生殖孔，内含多个虫卵。虫卵大小为（128.00～138.00）μm×（70.00～80.00）μm（图 28）。

宿主与寄生部位：牦牛、黄牛、水牛、绵羊、山羊。瘤胃。

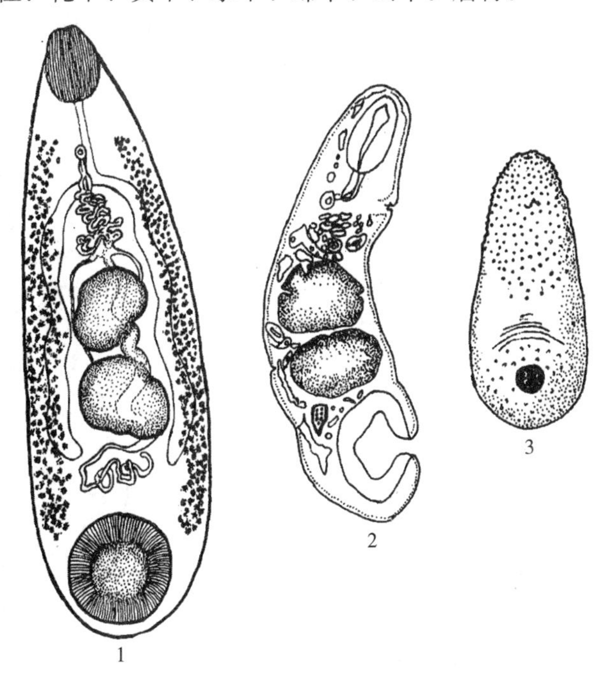

图 28　后藤同盘吸虫（*Paramphistomum gotoi*）

1. 成虫腹面观　2. 纵切面　3. 腹面立体观

（仿 Yamaguti，1939；Fukui，1929）

29. 细同盘吸虫 *Paramphistomum gracile* Fischoeder，1901

形态结构：虫体细长，呈圆柱状，大小为（6.20～10.80）mm×（1.80～2.80）mm。口吸盘位于虫体前端，大小为（0.47～0.97）mm×（0.56～0.73）mm，腹吸盘大小为（1.33～1.48）mm×（1.27～1.42）mm，口吸盘与腹吸盘的大小比例为 1∶2。食道长 0.65～0.81 mm，两肠支较短，略弯曲，后止于卵巢后方。睾丸 2 个，有浅分瓣，前后排列于虫体中后部，前睾丸大小为（1.03～1.74）mm×（0.92～1.28）mm，后睾丸大小为（1.45～1.62）mm×（1.58～1.82）mm。生殖孔开口于肠叉后方。卵巢类球形，直径为 0.30～0.33 mm。排泄囊与劳氏管交叉。虫卵大小为（103.00～128.00）μm×（62.00～78.00）μm（图 29）。

宿主与寄生部位：牦牛、黄牛、水牛、绵羊、山羊。瘤胃。

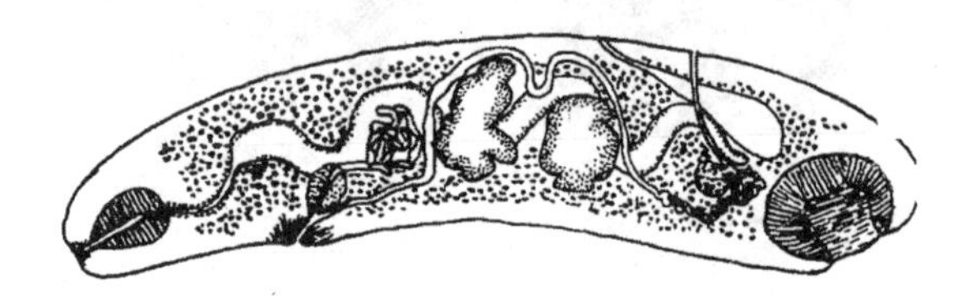

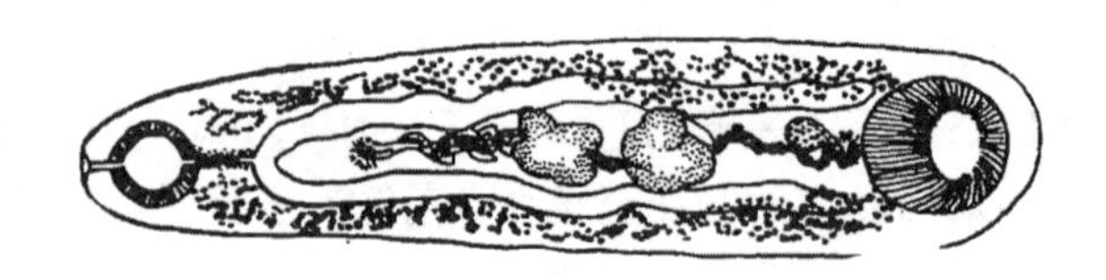

图 29 细同盘吸虫（*Paramphistomum gracile*）

30. 雷氏同盘吸虫 *Paramphistomum leydeni* Näsmark，1937

形态结构：虫体细小，呈短圆锥形，大小为（3.51～4.28）mm×（2.10～2.47）mm。口吸盘近圆形，位于虫体亚前端，大小为（0.54～0.66）mm×（0.53～0.63）mm，腹吸盘大小为（1.06～1.59）mm×（1.28～1.51）mm，口吸盘与腹吸盘的大小之比为 1∶2.20。食道长 0.35～0.37 mm，两肠支有弯曲，后止于腹吸盘后缘。睾丸呈横椭圆形，边缘不完整，前睾丸大小为（0.36～0.68）mm×（0.76～1.02）mm，后睾丸大小为（0.51～0.70）mm×（0.78～1.32）mm。生殖孔开口于肠叉处。卵巢呈圆形，位于腹吸盘背面，大小为（0.28～0.46）mm×（0.30～0.46）mm。卵黄腺分布于虫体两侧，前起于肠叉，后止于肠支末端。排泄囊与劳氏管交叉。虫卵大小为（113.00～138.00）μm×（76.00～108.00）μm（图 30）。

宿主与寄生部位：黄牛、水牛、牦牛。瘤胃。

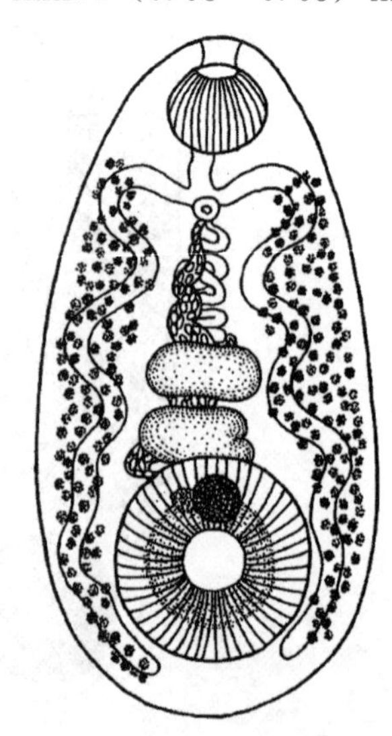

图 30 雷氏同盘吸虫（*Paramphistomum leydeni*）

▶ **巨盘属** *Gigantocotyle* Näsmark，1937

虫体肥大，呈灰色，梨形，背部隆起弯向腹面，腹吸盘位于体亚末端腹面，与口吸盘比为 1∶

(3.6～7.6)。睾丸2个，边缘光滑或有深分瓣，位于体中部，前后列或前后斜列。生殖孔位于肠分支后。卵巢小，圆形，位于睾丸后左侧，卵黄腺分布于口腹吸盘间两侧。寄生于反刍动物胆管、瘤胃和皱胃中。

31. 巨盘吸虫未定种　*Gigantocotyle* sp.

鉴别特征：虫体很小。腹吸盘巨大，其直径与体长之比为1∶(2.06～2.26)。

形态结构：体呈卵圆形，乳白色，背部隆起弯向腹面，大小为(1.50～1.72) mm×(0.86～1.20) mm。口吸盘椭圆形，大小为(0.26～0.31) mm×(0.25～0.27) mm。腹吸盘圆形，直径为0.68～0.78 mm，平均为0.74 mm。腹吸盘直径与体长之比为1∶(2.06～2.26)。咽部(食道)的宽大于长，长度为0.05 mm，宽度为0.11 mm，两肠支粗壮，自食道后分叉处向左右两侧平行分开后，呈直角下行然后稍呈弯曲外斜，而末端稍内斜伸达腹吸盘前1/3的边缘。睾丸2个，小而不清晰，左右平列于腹吸盘前，有3个深分叶。卵巢位于腹吸盘前部背面，呈椭圆形。生殖孔开口于肠分支近后方。卵黄腺细粒状，分布在体两侧(图31)。

宿主与寄生部位：牦牛。小肠。

检出地点：青海省海北藏族自治州托勒牧场。

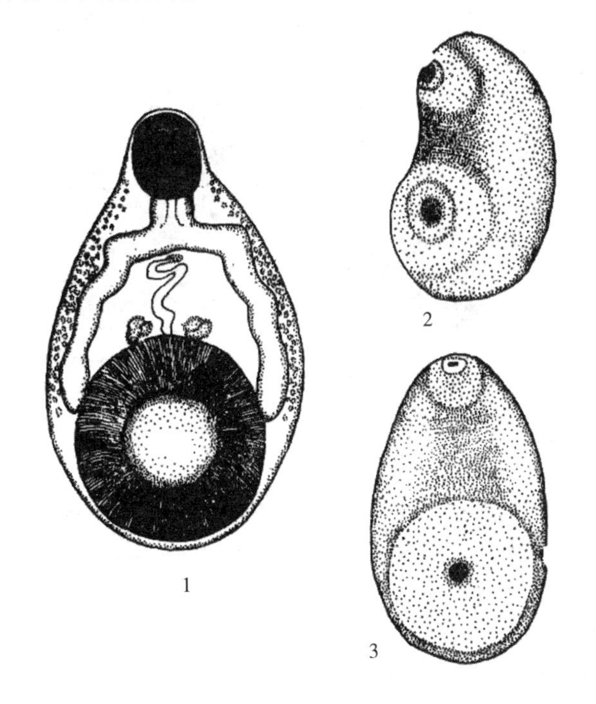

图31　巨盘吸虫未定种(*Gigantocotyle* sp.)
1. 染色压片腹面观　2. 侧面立体观　3. 腹面立体观

殖盘属　*Cotylophoron* Stiles et Goldberger, 1919

虫体乳白色，长圆锥形或扁豆形，腹吸盘位于体末端亚腹面，口吸盘与腹吸盘的大小比例为1∶(2.0～4.9)。睾丸2个，圆形或分瓣，位于体中部，前后列或前后斜列，储精囊回旋于睾丸前，生殖孔开口于肠分支后，具生殖吸盘和两性生殖乳突。卵巢位于腹吸盘前背侧，卵黄腺位于肠分支后至腹吸盘间虫体两侧。寄生于反刍动物瘤胃中。

32. 殖盘殖盘吸虫 ***Cotylophoron cotylophorum*** **(Fischoeder, 1901) Stiles et Goldberger, 1910**

形态结构：虫体白色，近圆锥形。体长为8.00～10.8 mm，体最宽为3.20～4.24 mm。口吸盘大小为（0.56～0.76）mm×(0.72～0.88）mm，腹吸盘大小为（1.76～2.08）mm×(1.72～2.02）mm，口吸盘与腹吸盘的比例为1∶2.6，腹吸盘与体长之比为1∶5.3。食道长为0.48～0.80 mm，有肥厚的食道球。肠管有3个弯曲，终止于腹吸盘前。生殖吸盘直径为0.64～0.70 mm，生殖吸盘与口吸盘长度比为1∶1.2。睾丸前后排列，前睾丸大小为（1.15～2.24）mm×（1.92～2.36）mm，后睾丸大小为（1.51～1.92）mm×（1.84～2.06）mm。卵巢位于睾丸后，大小为（0.48～0.80）mm×（0.64～0.80）mm。虫卵大小为（112.00～126.00）μm×（58.00～68.00）μm（图32）。

宿主与寄生部位：牦牛、黄牛、水牛、绵羊、山羊、骆驼。瘤胃。

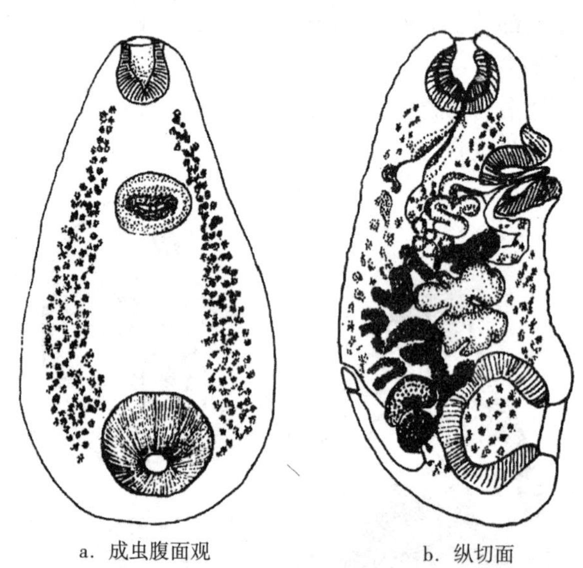

a. 成虫腹面观　　b. 纵切面

图32　殖盘殖盘吸虫（*Cotylophoron cotylophorum*）

（仿Fischceder，1901）

33. 印度殖盘吸虫 ***Cotylophoron indicus*** **Stiles et Goldberger, 1910**

形态结构：虫体呈圆锥形，体表光滑，大小为（9.60～11.60）mm×（3.20～3.60）mm。口吸盘位于顶端，呈梨形，大小为（0.56～0.88）mm×（0.64～0.88）mm，其直径与体长之比为1∶14.3，腹吸盘位于虫体的末端，大小为（1.54～1.72）mm×（1.54～1.88）mm，腹吸盘直径与体长之比为1∶6，口吸盘与腹吸盘大小之比为1∶2。食道长为0.56～0.96 mm，两肠支呈波浪状弯曲伸至腹吸盘前缘。睾丸2个，呈类球形，或边缘具有不规则的凹陷，前后排列于虫体中部的稍后方，前睾丸大小为（1.56～2.34）mm×（2.15～3.46）mm，后睾丸为（1.54～2.54）mm×（1.76～2.52）mm。储精囊长而弯曲，生殖孔开口于肠分叉之后，具有生殖吸盘和生殖乳突。卵巢位于后睾之后，大小为（0.40～0.80）mm×（0.78～0.80）mm。卵黄腺始自生殖吸盘两侧，终于腹吸盘前缘。子宫长而弯曲，内含多个虫卵。虫卵大小为（138.00～142.00）μm×（68.00～72.00）μm（图33）。

宿主与寄生部位：牦牛、黄牛、水牛、绵羊、山羊。瘤胃。

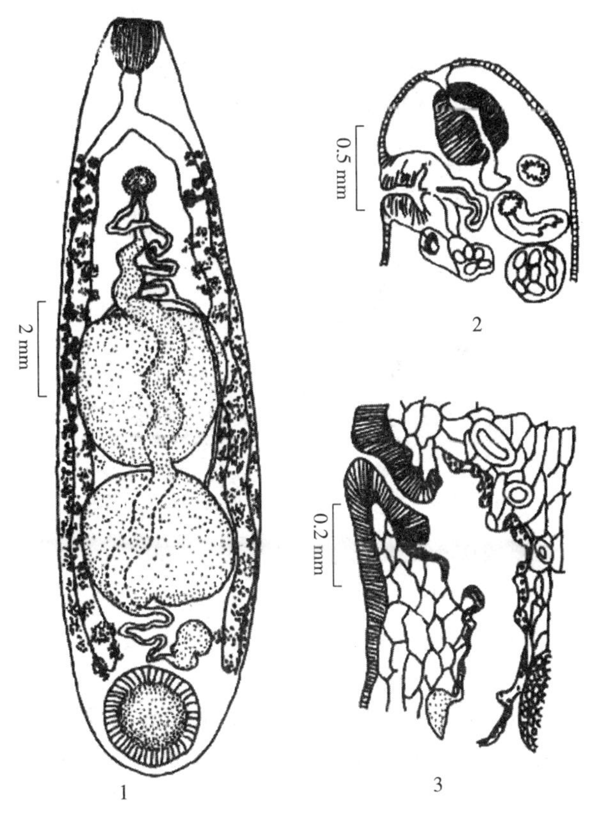

图 33　印度殖盘吸虫（*Cotylophoron indicus*）
1. 成虫　2. 体前部纵切面　3. 排泄囊纵切面
（仿齐普生，1983）

杯殖属　*Calicophoron* Näsmark，1937

虫体淡红色，梨形，腹吸盘位于体亚末端，口腹吸盘大小比例为 1∶（2.1～3.4）。食道后无膨大食道球，两肠支长而回旋弯曲，后至腹吸盘两侧。睾丸 2 个，位于体后部，左右斜列或并列，边缘有多个分瓣。储精囊肌质部和前列腺部甚为发达。生殖孔于肠分支后。有生殖盂，卵巢在腹吸盘后前侧。卵黄腺自口吸盘后至腹吸盘两侧，子宫于两睾丸间弯曲向前，开口于生殖孔。寄生于反刍动物瘤胃中。

34. 杯殖杯殖吸虫　*Calicophoron calicophorum*（Fischoeder，1901）Näsmark，1937

形态结构：虫体圆锥形，淡红色，体表光滑，前端有乳突状的小突起，虫体大小为（13.80～16.80）mm×（5.80～8.60）mm，虫体 1/3 处最宽，体宽长之比为 1∶2.1。口吸盘位于顶端，呈梨形，大小为（0.96～1.76）mm×（0.84～1.40）mm，直径与体长之比为 1∶12；腹吸盘位于虫体亚末端，呈球形，大小为（2.92～3.58）mm×（2.88～3.85）mm，直径与体长之比为 1∶4.6；口吸盘与腹吸盘大小之比为 1∶2.6。食道稍弯曲，长 1.40～2.08 mm，两肠支经 4～5 个弯曲伸达腹吸盘边缘。睾丸 2 个，类球形，左右斜列于虫体中部的稍后方，具有生殖盂和生殖乳突。卵巢位于前睾丸的后方、类球形，大小为（0.93～1.22）mm×（0.76～1.08）mm。梅氏腺位于卵巢下方。卵黄腺始自口吸盘后缘，终于腹吸盘边缘。子宫长而弯曲，内含多个虫卵。虫卵大小为（115.00～

130.00）μm×（64.00～78.00）μm（图 34）。

宿主与寄生部位：牦牛、黄牛、水牛、绵羊、山羊。瘤胃。

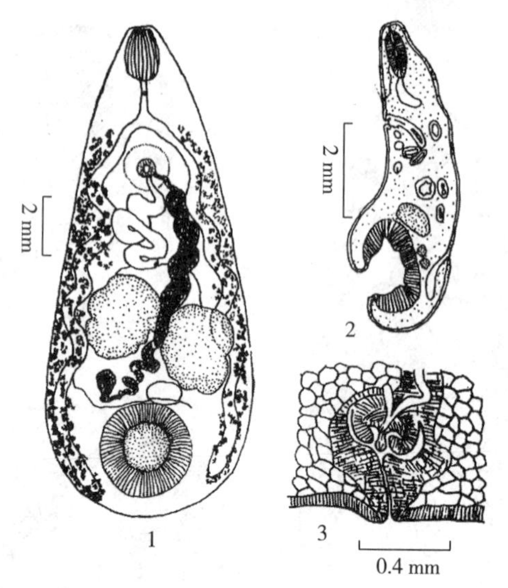

图 34　杯殖杯殖吸虫（*Calicophoron calicophorum*）
1. 成虫腹面观　2. 纵切面　3. 生殖窦纵切面
（仿汪溥钦，1959）

35. 纺锤杯殖吸虫　*Calicophoron fusum* Wang et Xia，1977

形态结构：虫体大小为（9.60～16.00）mm×（0.48～0.60）mm。口吸盘大小为（1.04～1.44）mm×（0.96～1.20）mm，腹吸盘大小为（2.72～2.98）mm×（2.80～3.20）mm，口吸盘与腹吸盘比例为 1∶2.5。肠支经 6～8 个弯曲伸至腹吸盘边缘。睾丸分 10～12 个小瓣，斜列于虫体中部，前、后睾丸大小基本一致，为（1.28～1.76）mm×（1.32～1.92）mm。卵巢大小为 0.48 mm×0.56 mm。虫卵大小为（115.00～126.00）μm×（60.00～70.00）μm（图 35）。

宿主与寄生部位：牦牛、黄牛、绵羊、山羊。瘤胃。

36. 斯氏杯殖吸虫　*Calicophoron skrjabini* Popova，1937

形态结构：虫体呈圆锥形，活体时呈粉红色，固定后为灰白色，表面及前端均具有乳头状小突，虫体大小为（15.54～21.00）mm×（6.83～9.10）mm，后睾丸处最宽，体宽长之比为 1∶2.4。口吸盘位于顶端，呈卵圆形，大小为（1.23～1.40）mm×（1.14～1.49）mm，其直径与体长之比为 1∶14，腹吸盘位于虫体亚末端，大小为(3.15～4.29)mm×（3.32～4.41）mm，直径与体长之比为 1∶4.8，口吸盘与腹吸盘大小之比为 1∶2.8。食道长为 1.05～1.20 mm，两肠支经 6 个波浪状弯曲，伸达腹吸盘两侧。睾丸 2 个，呈球形，边缘具有 38～45 个深浅不等的分瓣，斜列于虫体后部，前睾丸大小为（3.22～4.81）mm×（3.50～5.60）mm，后睾丸为 3.68 mm×5.08 mm。生殖孔开口于肠分叉的后方。卵巢位于前睾丸的后方，卵黄腺始自食道两侧，终于腹吸盘边缘，布满虫体的两侧。子宫弯曲于两睾丸之间上升，内含多个虫卵。虫卵大小为（115.00～120.00）μm×（74.00～98.00）μm（图 36）。

宿主与寄生部位：牦牛、黄牛、水牛、山羊、羊。瘤胃。

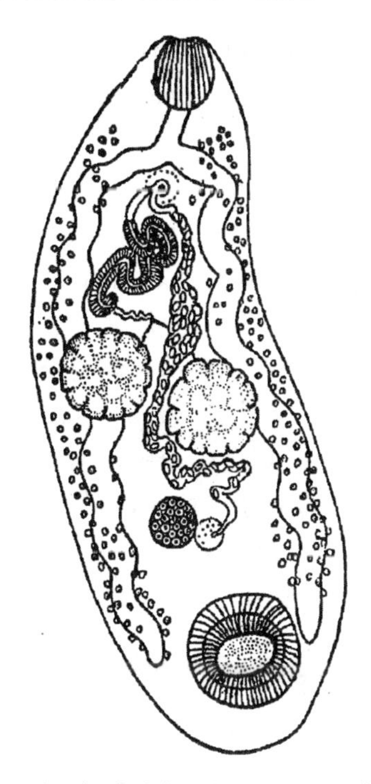

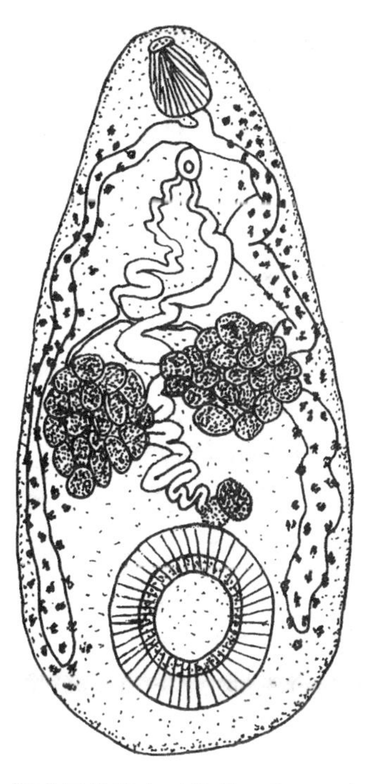

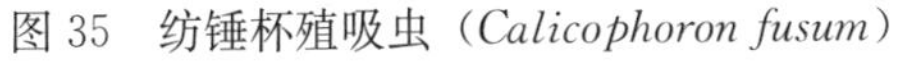

图 35　纺锤杯殖吸虫（*Calicophoron fusum*）　　图 36　斯氏杯殖吸虫（*Calicophoron skrjabini*）

锡叶属　*Ceylonocotyle* Näsmark，1937

虫体灰白色，长卵圆形，背面隆起向腹面弯曲。腹吸盘大于口吸盘。两肠支向后伸至腹吸盘前缘。睾丸 2 个，位于体中部，圆球形或边缘有分瓣，前后列。生殖孔位于肠分支后，卵巢位于腹吸盘背部。子宫沿睾丸背面向前弯曲至生殖孔。寄生于反刍动物瘤胃中。

37. 陈氏锡叶吸虫　*Ceylonocotyle cheni* Wang，1966

形态结构：虫体呈卵圆形，大小为（3.12～6.71）mm×（2.40～2.70）mm。口吸盘类球形，位于虫体前端，大小为（0.32～0.45）mm×（0.35～0.51）mm，腹吸盘类球形，位于虫体后端，大小为（0.78～0.93）mm×（0.89～0.92）mm，口吸盘与腹吸盘的大小之比为 1∶2。食道短，两肠支各有 3～4 个回旋弯曲，止于腹吸盘中部外缘。睾丸 2 个，呈类长方形，边缘完整或有浅分瓣，前后排列于虫体中部，前睾丸大小为（0.42～0.74）mm×（1.07～1.09）mm，后睾丸大小为（0.66～0.81）mm×（1.06～1.15）mm。生殖孔开口于肠叉后方。卵巢呈球形或卵圆形，位于后睾丸的后缘，大小为（0.19～0.23）mm×（0.24～0.27）mm。子宫长而弯曲。卵黄腺分布于虫体两侧，前起于肠叉，后止于腹吸盘中部。排泄管开口于虫体背面，与劳氏管平行，不交叉。虫体大小为（136.00～158.00）μm×（89.00～107.00）μm（图 37）。

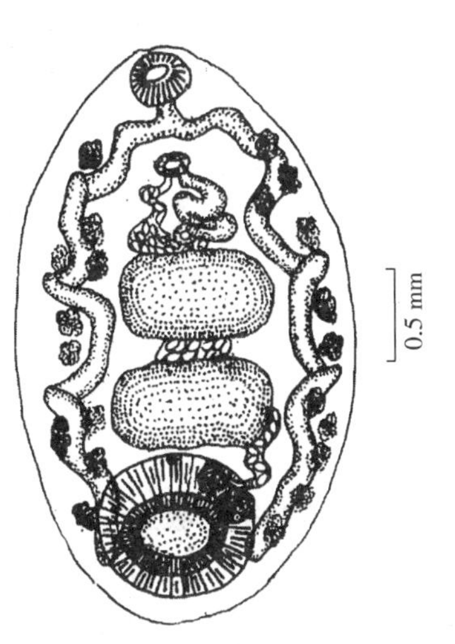

图 37　陈氏锡叶吸虫（*Ceylonocotyle cheni*）（仿王溪云，1966）

宿主与寄生部位：牦牛、黄牛、水牛、山羊。瘤胃。

38. 双叉肠锡叶吸虫 ***Ceylonocotyle dicranocoelium*** **(Fischoeder, 1901) Näsmark, 1937**

形态结构：虫体细小，略呈圆锥形，乳白色，体背部隆起，腹面稍扁平，体表光滑，体壁薄而透明，体长为2.80～6.80 mm，体宽为1.60～1.82 mm。口吸盘略呈球形，位于体前亚端，大小为（0.40～0.45）mm×（0.32～0.36）mm，其直径与体长之比为1∶1.6，腹吸盘发达，位于体后亚末端，大小为（0.68～0.80）mm×（0.72～0.80）mm，腹吸盘直径与体长之比为1∶8，口吸盘与腹吸盘大小之比为1∶1.7。食道长为0.46～0.48 mm，肠支较短且呈微波浪状弯曲，肠盲端伸达卵巢水平外侧。睾丸2个，略呈球形，边缘完整或具有浅分瓣，位于虫体后1/2前半部，前后排列，前睾丸大小为（0.75～0.96）mm×（0.88～0.96）mm，后睾丸大小为（0.80～0.95）mm×（0.88～1.12）mm。储精囊短，经3～5个弯曲接两性管，开口于生殖腔，生殖孔开口于肠分叉后方，具有生殖括约肌。卵黄腺不发达，呈块状，分布于体两侧，起于食道后端，止于腹吸盘水平处。卵巢位于后睾丸与腹吸盘之间，呈球形，大小为0.24 mm×0.26 mm。子宫长而弯曲，自卵巢开始经两睾丸背后至生殖腔开口，内含多个虫卵。虫卵大小为（134.00～144.00）μm×（68.00～72.00）μm（图38）。

宿主与寄生部位：牦牛、黄牛、水牛、绵羊、山羊。瘤胃。

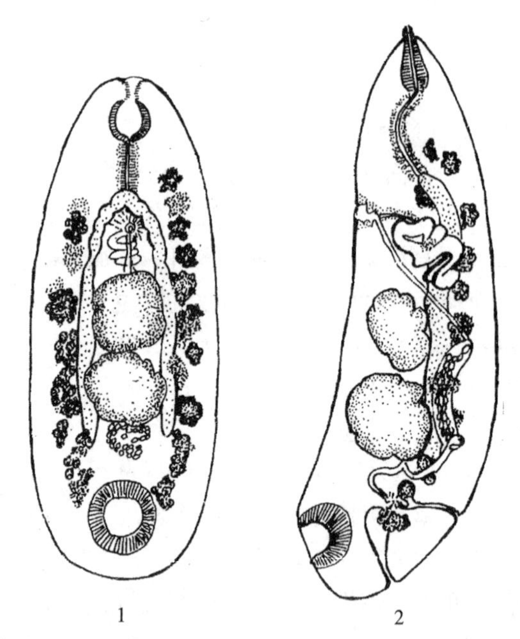

图38　双叉肠锡叶吸虫（*Ceylonocotyle dicranocoelium*）

1. 成虫腹面图　2. 纵切面

（仿 Fischoeder, 1903）

39. 链肠锡叶吸虫 ***Ceylonocotyle streptocoelium*** **(Fischoeder, 1901) Näsmark, 1937**

形态结构：虫体近似棱形，乳白色，体背部隆起弯向腹面，体表光滑，体长为3.60～6.00 mm，体宽为1.60～1.80 mm。口吸盘呈球形，大小为(0.64～0.72）mm×（0.48～0.52）mm，其直径与体长之比为1∶8，腹吸盘位于虫体亚末端，大小为（0.50～0.64）mm×（0.80～0.88）mm，腹吸盘直径与体长之比为1∶6.8，口吸盘与腹吸盘大小之比为1∶1.2。食道长为0.26～0.40 mm，壁薄，肠支长具有弯曲，经3～6个弯曲，肠盲端伸达卵巢与腹吸盘之间水平外侧。睾丸略呈球形，边缘完整或具有浅分瓣，位于虫体中部，前后排列，前睾丸大小为（0.64～0.82）mm×（0.64～0.72）mm，后睾丸大小为（0.72～0.80）mm×（0.64～0.66）mm。储精囊短，开口于生殖腔，生殖孔开口于肠分叉后方，具生殖乳头和生殖括约肌。卵黄腺发达，呈块状，分布于体两侧，起于食道后端，止于肠盲端。卵巢位于后睾丸与腹吸盘之间，呈球形，大小为（0.32～0.56）mm×（0.40～0.42）mm。子宫长而弯曲，自卵巢开始经两睾丸背后至生殖腔开口，内含多个虫卵。虫卵大小为（140.00～146.00）μm×（68.00～72.00）μm（图39）。

宿主与寄生部位：牦牛、黄牛、水牛、绵羊、山羊。瘤胃。

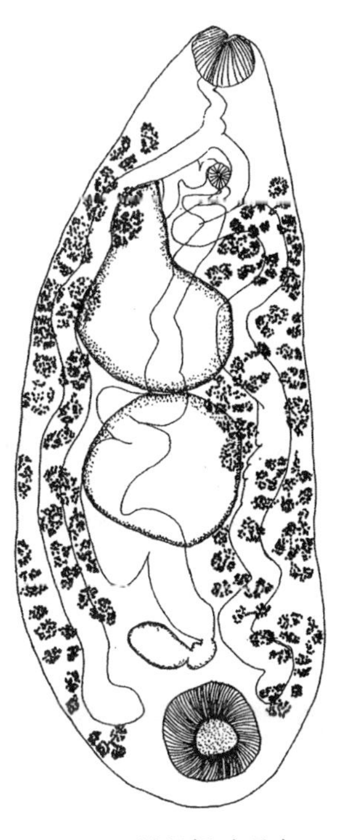

图39 链肠锡叶吸虫
（*Ceylonocotyle streptocoelium*）

腹袋科 Gastrothylacidae Stiles et Goldberger，1910

虫体圆柱形或圆锥形，棕褐色。在口吸盘后至腹吸盘前缘，具有腹袋。口吸盘后无盲囊，腹吸盘位于体末端，食道后部无肌质食道球。睾丸位于体后部腹吸盘前，无雄茎囊，生殖孔开口于腹袋亚前端。卵黄腺分布于口吸盘后腹侧。寄生于反刍动物瘤胃中。

腹袋属 *Gastrothylax* Poirier，1883

虫体长圆柱形或槲实形。睾丸2个，边缘分瓣，左右对称排列。前列腺长而发达，具生殖乳突。卵巢位于两睾丸后中央，无受精囊，子宫初从体左侧上升至中部横行至右侧，再向前伸至两性管，其末端发达。

40. 荷包腹袋吸虫 *Gastrothylax crumenifer*（Creplin，1847）Poirier，1883

形态结构：虫体圆柱形深红色，体长为11.90～12.50 mm，储精囊处虫体最宽为5.10～5.40 mm，体宽与体长的比例为1∶2.3。腹袋开口于口吸盘的后缘，腹袋腔至腹吸盘的前缘。口吸盘位于体前端，呈类圆形，大小为（0.43～0.72）mm×（0.48～0.64）mm，直径与体长之比为1∶23.5，腹吸盘位于体末端，呈半球形，大小为（1.14～1.82）mm×（2.30～2.70）mm，口吸盘与腹吸盘的大小比例为1∶4，腹吸盘直径与体长之比为1∶7.4。食道长为0.64～1.02 mm，两肠支短，呈波浪状弯曲，伸达睾丸的前缘。睾丸2个，位于体后部，左右排列，大小相等，大小为（2.07～2.05）mm×（1.69～1.92）mm，边缘分为5～6个深瓣。储精囊甚长，具6～7个回旋弯曲。生殖孔位于肠分支的上方腹袋内，生殖括约肌发达。卵巢位于左右2个睾丸的中央下方，呈类球形，大小为（0.40～0.50）mm×（0.48～0.80）mm。梅氏腺位于卵巢的后缘。子宫从两睾丸之间弯曲上升至睾丸前缘转向左侧，至体的中部自左向右侧横行至右侧后再弯曲上升，至两性管通出生殖孔。卵黄腺自肠分支开始至睾丸的前缘，分布于虫体的两侧。劳氏管伸向虫体背部开口。排泄囊呈圆囊状，位于卵巢的下方，排泄孔开口于体背面，与劳氏管平行不相交叉。子宫内含多个虫卵，虫卵大小为（116.00～125.00）μm×（60.00～70.00）μm（图40）。

宿主与寄生部位：牦牛、黄牛、水牛、绵羊、山羊。瘤胃。

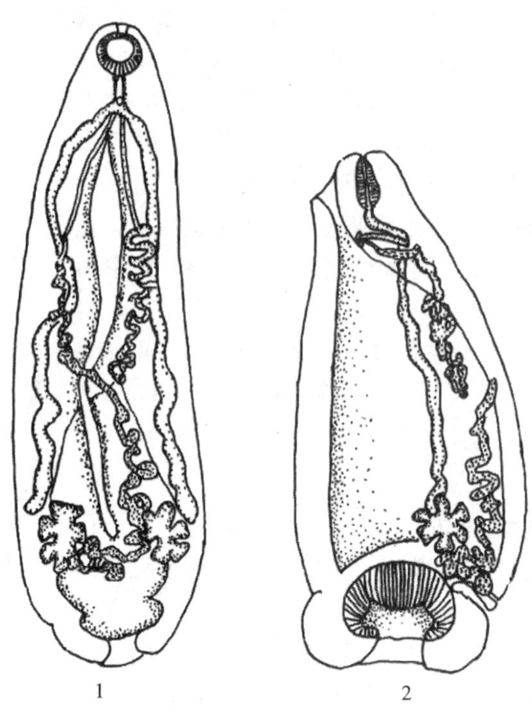

图 40　荷包腹袋吸虫（*Gastrothylax crumenifer*）
1. 成虫腹面观　2. 纵切面
（仿 Fischoeder，1901）

菲策属　*Fischoederius* Stiles et Goldberger，1910

虫体长圆柱形或椭圆形、梨形，在睾丸与腹吸盘间常缩缢。腹袋自口吸盘后缘开口，后至睾丸区。两肠支短宽或弯曲至体后部。睾丸 2 个，圆球形或边缘分瓣，背腹列。卵巢位于两睾丸间，子宫沿体背中央弯曲上升至两性管。

41. 日本菲策吸虫　*Fischoederius japonicus* Fukui，1922

形态结构：虫体呈梨形，腹吸盘前缘虫体略收缩，末端平削，大小为（3.70～7.70）mm×（1.70～3.70）mm，宽长之比为 1∶2.3。口吸盘呈球形，大小为（0.35～0.60）mm×（0.40～0.55）mm，腹吸盘位于虫体末端，横径为 1.00～1.65 mm，口吸盘与腹吸盘大小为之比为 1∶2.3。食道大小为（0.30～0.45）mm×（0.18～0.20）mm，两肠支经 6～8 个弯曲至睾丸前缘。睾丸位于腹吸盘前缘，类球形，背腹排列，直径为 0.27～0.80 mm。储精囊呈管状弯曲，生殖孔开口于食道基部的腹袋内。卵巢位于睾丸后缘或两睾丸之间，大小为（0.20～0.25）mm×（0.26～0.40）mm。卵黄腺自肠管第 1 个弯曲开始，沿着体两侧分布至睾丸两侧缘处。子宫环褶向上延伸，开口于生殖孔内，内含大量虫卵。虫卵大小为（129.00～156.00）μm×（78.00～96.00）μm（图 41）。

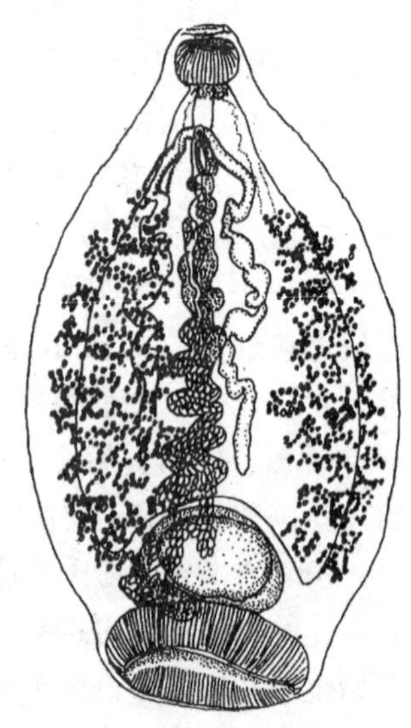

图 41　日本菲策吸虫
（*Fischoederius japonicus*）
（仿 Yamaguti，1939）

宿主与寄生部位：牦牛、黄牛、水牛、山羊、羊。瘤胃。

42. 锡兰菲策吸虫 ***Fischoederius ceylonensis*** **Stiles et Goldberger，1910**

形态结构：虫体呈圆柱状，纵轴稍弯向腹面，体前端稍小，表皮具有乳突状的小突，虫体大小为(3.20～5.50)mm×(1.00～1.40) mm，腹袋开口于口吸盘后方，内通狭径至腹袋腔，腔底部腹面至睾丸的边缘，背面至睾丸的前缘。口吸盘呈梨形，腹吸盘位于虫体末端呈杯形，食道细长而弯曲，长为 0.35～0.52 mm，较口盘长。肠支短，两肠支呈波浪状弯曲伸达虫体 3/4 的后部分。末端仅达体中部稍后，而不到睾丸边缘。睾丸类球形，背腹斜列、背睾丸大小为（0.46～0.48）mm×（0.40～0.46）mm，腹睾丸接近腹吸盘，大小为（0.44～0.51）mm×（0.40～0.46）mm。储精囊长，具有 7～8 个弯曲，生殖孔开口于肠分支的腹袋内。卵巢呈圆球形位于两睾丸之间，子宫长而弯曲，内含多个虫卵，虫卵大小为（128.00～132.00）μm×（72.00～78.00）μm。卵黄腺分布于虫体两侧，自肠分支的后方开始至两睾丸之间。劳氏管伸向体背开口，排泄囊呈圆形，位于梅氏腺下方，排泄管开口于体背面，与劳氏管平行不相交叉（图 42）。

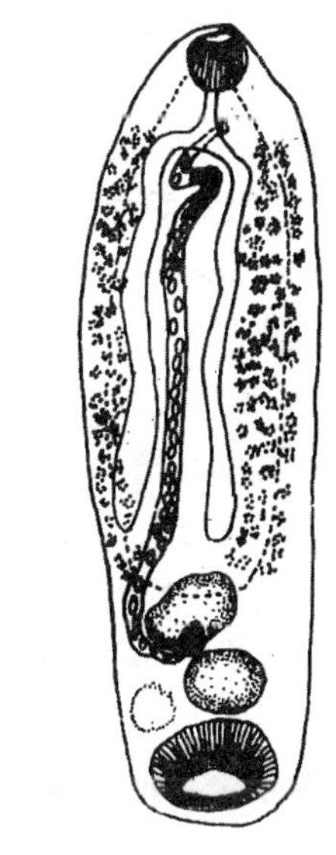

图 42　锡兰菲策吸虫
（*Fischoederius ceylonensis*）

宿主与寄生部位：牦牛、黄牛。瘤胃。

斜睾目　Plagiorchiata La Rue，1957

尾蚴在任何发育阶段都没有尾排泄管，有口刺或无。

双腔科　Dicrocoeliidae Odhner，　1910

虫体呈扁平叶片状，口吸盘位于体亚顶端，腹吸盘位于体中部或前 1/3 处中央。具咽，两肠支盲端达体后 1/3 处中央。两睾丸一般位于腹吸盘后，少数并列于腹吸盘前。雄茎囊位于腹吸盘前方，生殖孔位于肠分叉处附近。卵巢在睾丸之后，卵黄腺在体中部两侧。卵椭圆形，有卵盖，卵内有毛蚴。

▶ 阔盘属　*Eurytrema* Looss，1907

虫体椭圆形，腹吸盘在体中部附近，两睾丸并列于腹吸盘两旁或其后两旁。子宫圈充满腹吸盘后方两肠支内侧部分。寄生于牛、羊胰腺中。

43. 枝睾阔盘吸虫 ***Eurytrema cladorchis*** **Chin，Le et Wei，1965**

形态结构：虫体呈瓜子状或长纺锤体状，前端稍尖，后端膨大，大小为（4.49～10.64）mm×（2.17～3.08）mm。口吸盘位于亚顶端，大小为（0.37～1.01）mm×（0.37～0.92）mm，其直径与体宽之比为（0.14～0.23）：1，腹吸盘位于体前端 1/4～1/3 处，大小为（0.52～1.12）mm×（0.49～0.88）mm，其直径与体宽之比为（0.22～0.28）：1。无前咽，咽大小为（0.15～0.39）mm×（0.15～0.27）mm，食道长为 0.11～0.52 mm，肠管盲端达体后端 1/5～1/4 处。睾丸分支，对称排列于腹吸盘后半部之后的两侧，左睾丸大小为（0.67～1.24）mm×（0.57～0.89）mm，右睾丸为（0.72～1.35）mm×（0.48～0.88）mm。雄茎囊位于腹吸盘前方，大小为（0.65～1.05）mm×（0.19～

0.32）mm，其底部多数不达腹吸盘前缘。生殖孔开口于肠分叉之前。卵巢分5～7瓣，位于睾丸后方体中横线附近的次中央，大小为（0.27～0.53）mm×（0.23～0.42）mm。卵黄腺丛粒小，起于睾丸后部水平，止于肠管盲端附近。子宫几乎充满两肠支之间所有的空隙。虫卵大小为（45.00～52.00）μm×（30.00～34.00）μm（图43）。

宿主与寄生部位：牦牛、黄牛、水牛、绵羊、山羊。胰管。

44. 胰阔盘吸虫 ***Eurytrema pancreaticum*** **（Janson，1889）Looss，1907**

形态结构：新鲜虫体为棕红色，固定后为灰白色，虫体扁平，较厚，呈长卵圆形，体表被有小棘，成虫时常已脱落，虫体大小为（8.00～16.00）mm×（5.00～5.80）mm。吸盘发达，口吸盘较腹吸盘大。咽小，食道短，肠支简单。睾丸2个，圆形或略分瓣，左右排列在腹吸盘稍后。雄茎囊呈长管状，位于腹吸盘前方与肠支之间。生殖孔开口于肠支的后方。卵巢分3～6瓣，位于睾丸之后，体中线附近，受精囊呈圆形，在卵巢附近。子宫弯曲，内充满棕色虫卵，位于虫体的后半部。卵黄腺呈颗粒状，位于虫体中部两侧。虫卵为黄棕色或深褐色，椭圆形，两侧稍不对称，具卵盖，大小为（42.00～50.00）μm×（26.00～33.00）μm（图44）。

宿主与寄生部位：牦牛、黄牛、水牛、绵羊、山羊、骆驼、兔、猪。胰管。

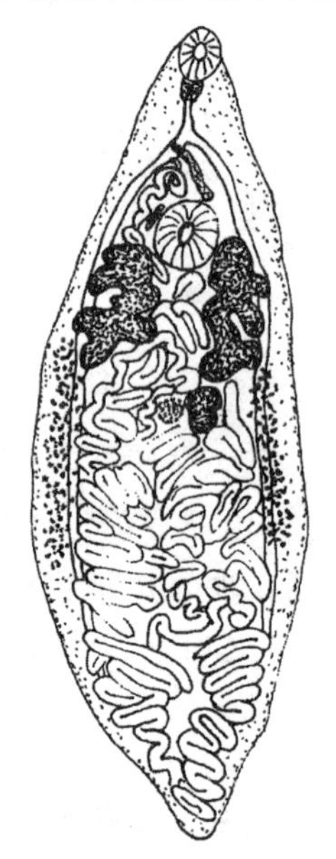

图43 枝睾阔盘吸虫（*Eurytrema cladorchis*）

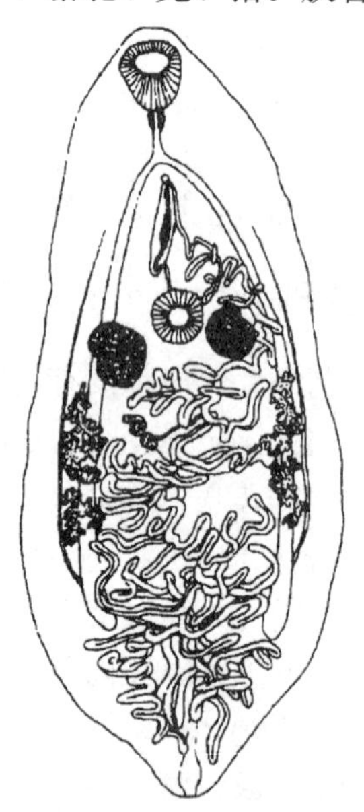

图44 胰阔盘吸虫（*Eurytrema pancreaticum*）

▶ 双腔属 *Dicrocoelium* Dujardin，1845

虫体呈矛形，两肠支伸到近体后端，腹吸盘位于体前部1/3处。两睾丸斜列于腹吸盘之后。寄生于哺乳类、鸟类肝和胆管中。

45. 中华双腔吸虫 ***Dicrocoelium chinensis*** **Tang et Tang，1978**

形态结构：虫体呈宽扁状，腹吸盘以前部分呈头锥状，大小为（3.48～8.94）mm×（2.12～3.06）mm。口吸盘位于虫体前端，大小为（0.34～0.55）mm×（0.31～0.54）mm，腹吸盘位于虫体的前1/4处，大小为（0.46～0.75）mm×（0.47～0.74）mm。咽大小为（0.16～0.22）mm×（0.12～0.18）mm，食道长为0.26～0.53 mm，两肠支沿虫体两侧达虫体后1/6处。睾丸呈圆形，不规则块状或分瓣，左右排列于腹吸盘的后方，左睾丸大小为（0.45～0.89）mm×（0.47～0.93）mm，右睾丸大小为（0.50～0.98）mm×（0.48～0.88）mm。卵巢呈横卵圆形或分瓣，位于睾丸后方中线的一侧，大小为（0.16～0.28）mm×（0.23～0.48）mm，雄茎囊位于腹吸盘与肠叉之间，大小为（0.62～0.64）mm×（0.28～0.29）mm，生殖孔开口于肠叉附近。卵黄腺分布于肠支外侧，前起于睾丸，后止于虫体后 1/3 处。虫卵大小为（46.00～50.00）μm×（30.00～32.00）μm（图 45）。

宿主与寄生部位：牦牛、黄牛、水牛、绵羊、山羊、兔。胆管、胆囊。

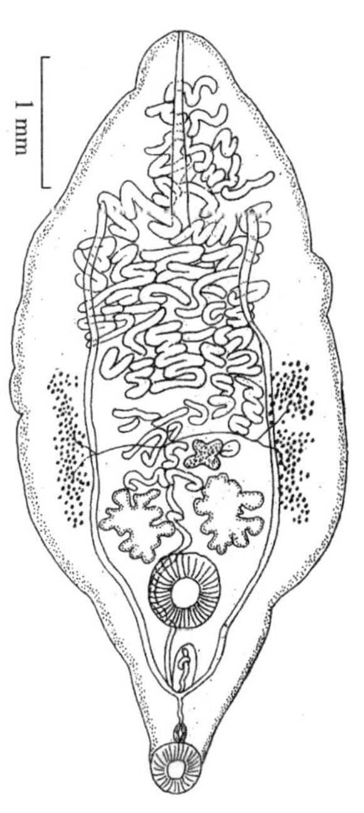

图 45　中华双腔吸虫
（*Dicrocoelium chinensis*）
（仿唐崇惕等，1985）

46. 枝双腔吸虫　*Dicrocoelium dendriticum*（Rudolphi，1819）Looss，1899

形态结构：虫体扁而透明，两端略尖，体表无棘，大小为（5.00～15.00）mm×（1.50～2.50）mm。腹吸盘略大于口吸盘，位于体前端 2/5 处。肠支向后伸展，但达不到体的末端。睾丸位于腹吸盘之后，前后斜列或相对排列。雄茎囊长形，生殖孔位于肠分支处。卵巢椭圆形，偏于体的右侧，在睾丸之后。卵黄泡在体的两侧，由睾丸后缘水平起向后伸展至体后 1/3 处。子宫从卵模开始向后盘绕，伸展到体的后端，然后折回，盘绕而上，直达生殖孔。卵的大小为（38.00～45.00）μm×（22.00～30.00）μm；深棕色，壳厚，内含一个已成熟的毛蚴（图 46）。

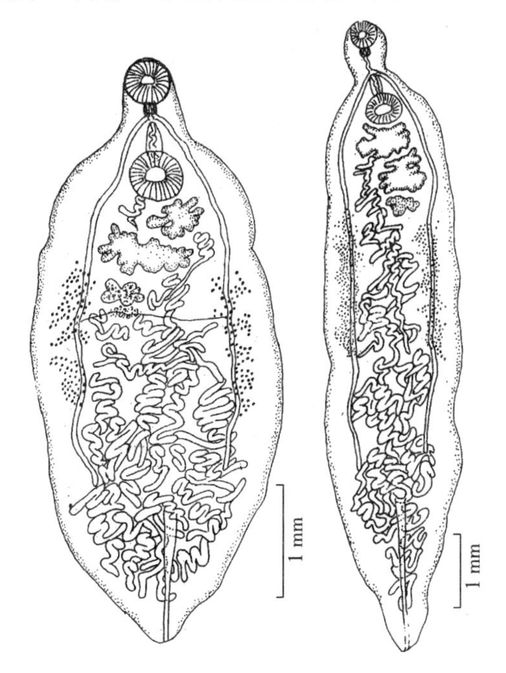

图 46　枝双腔吸虫（*Dicrocoelium dendriticum*）
（仿唐崇惕等，1985）

宿主与寄生部位：牦牛、羊、猪、牛、犬、驴。胆道。

47. 矛形双腔吸虫 *Dicrocoelium lanceatum* Stiles et Hassall，1896

形态结构：矛形双腔吸虫的虫体狭长呈矛形，棕红色，大小为（6.67～8.34）mm×（1.61～2.14）mm。口吸盘后紧随有咽，下接食道和2条简单的肠管。腹吸盘大于口吸盘，位于体前端1/5处。睾丸2个，圆形或边缘具缺刻，前后排列或斜列于腹吸盘的后方。雄茎囊位于肠分叉与腹吸盘之间，内含有扭曲的储精囊、前列腺和雄茎。生殖孔开口于肠分叉处。卵巢圆形，居于后睾之后。卵黄腺位于体中部两侧。子宫弯曲，充满虫体的后半部，内含大量虫卵。虫卵似卵圆形，褐色，具卵盖，大小为（34.00～44.00）μm×（29.00～33.00）μm，内含毛蚴（图47）。

宿主与寄生部位：牦牛、黄牛、水牛、犏牛、绵羊、山羊、马、驴、骡、猪、兔。胆管、胆囊。

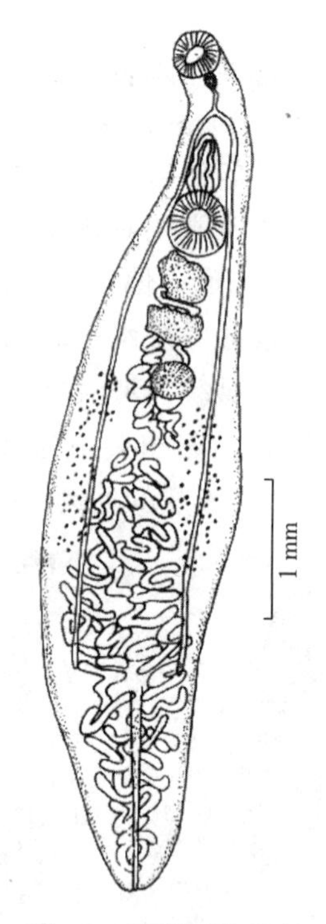

图47　矛形双腔吸虫
（*Dicrocoelium lanceatum*）
（仿唐崇惕等，1985）

48. 主人双腔吸虫 *Dicrocoelium hospes* Looss，1907

又称牛双腔吸虫。

形态结构：虫体呈长柳叶状，不具肩状凸出，从腹吸盘水平到肠支末端体宽几乎一样，后端钝圆，大小为（6.50～7.80）mm×1.00～1.20）mm，腹吸盘略大于口吸盘。睾丸2个，有较浅分瓣，大小显著不同，前后纵列，前面1个显著小于后面1个。卵巢近似圆形，位于睾丸之后。子宫长而弯曲（图48）。

宿主与寄生部位：牦牛、绵羊、山羊。肝、胆囊。

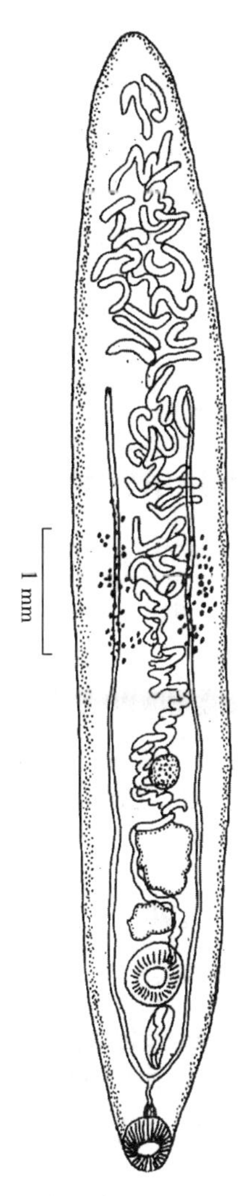

图 48　主人双腔吸虫（*Dicrocoelium hospes*）

第三部分 绦　虫

PART Ⅲ：CESTODE

绦虫属扁形动物门，本部分包括 1 纲、1 目、2 科、7 属的 10 种绦虫。

绦虫纲　Cestoidea（Rudolphi，1808）Fuhrmann，1931

成虫呈带状，分头节、颈节和链体 3 部分，也有缺颈节者。头节有吸着器官，颈节纤细，链体由数个至数千个节片构成。链体前部为未成熟节，中间为成熟节，后部为孕卵节。成熟节片中每片有整套生殖器官，包括睾丸、雄茎囊、储精囊、射精管、前列腺、雄茎、卵巢、卵黄腺、卵模、子宫、阴道等。雄茎和阴道分别在上下位置向生殖腔开口，开口处称生殖孔。无口、咽、食道、肠管和肛门。链体两侧有纵排泄管，每侧背腹 2 条。头部有神经中枢，由几个神经结节和神经联合构成，从此处通出 2 个大的和几个小的纵神经干，贯穿各体节。有虫卵阶段，幼虫为中绦期或称为绦虫蚴期，不同目、科、属的中绦期形态结构不同。

圆叶目　Cyclophyllidea Braun,1900

头节上有 4 个圆形吸盘，对称地排列于头节四面，头节顶端常有顶突。生殖孔多在节片侧缘。卵巢为扇形分瓣或哑铃状。卵黄腺为一致密体，于卵巢后。子宫为盲囊，无子宫孔。以孕节脱落破裂散出虫卵，缺卵盖。中绦期分别为：①似囊尾蚴，为 1 个含有凹入头节的双层囊状体，其一端具有带六钩的尾状结构。②囊尾蚴，半透明囊体，囊壁凹入处含有头节 1 个，头节能向外翻出。③多头蚴，囊壁上产生 1 个以上的似头节样的原头蚴。④棘球蚴，囊体产生无数生发囊，每个生发囊又产生许多原头蚴。

裸头科　Anoplocephalidae Cholodkovsky，　1902

中型或大型绦虫。头节有 4 个吸盘，无顶突和吻钩，一般节片宽大于长，有些种类孕节长大于宽。生殖器官 1 套或 2 套。睾丸数量多，主要分布于节片两侧排泄管内侧的中央区，个别种类于外侧。卵巢呈扇形分瓣状。卵黄腺为块状或分瓣状。阴道管状，远端膨大为受精囊。

▶ 莫尼茨属　*Moniezia* Blanchard，1891

生殖器官每个节片 2 套，生殖孔开口于节片两侧缘。排泄管有背、腹 2 对。睾丸分布于两侧卵巢之间的中央区。卵巢 2 个，位于节片两侧。卵黄腺 2 个，在卵巢后。孕节中子宫为网状分支。成熟虫卵内胚膜形成梨形器，内含 1 个六钩蚴。成虫寄生于草食家畜小肠内，中间宿主为土壤中的甲螨，幼虫期为似囊尾蚴。

49. 白色莫尼茨绦虫　*Moniezia alba*（Perroncito，1879）Blanchard，1891

形态结构：虫体白色，体长为 400.00～1 500.00 mm。头节呈球形或近四角形，宽度为 0.96 mm，无吻突和吻钩，有 4 个圆形的吸盘，斜向前方。颈节明显，长为 3.44 mm、宽为 0.50 mm。节片短而宽，宽度大于长度，最大宽度为 5.00～7.60 mm。每一节成熟节具有 2

套生殖器官，雌、雄生殖孔并列开口于节片侧边缘的中部。睾丸较小、数目较多，分布于整个节片的两侧纵排泄管的内侧之间。雄茎囊发达，呈纺锤形，雄茎较短。子宫为网管状。卵巢与梅氏腺排成花瓣状，位于两纵排泄管的内侧。虫体节片没有节间腺（图 49）。

宿主与寄生部位：犏牛、水牛、绵羊、山羊。小肠。

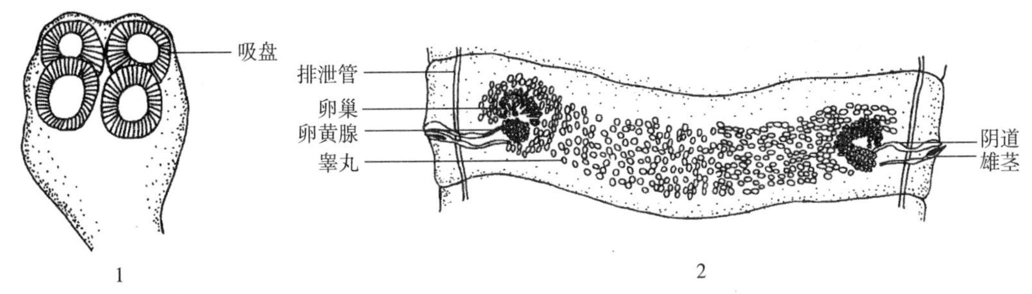

图 49　白色莫尼茨绦虫（*Moniezia alba*）

1. 头节　2. 成熟节片

50. 贝氏莫尼茨绦虫　*Moniezia benedeni*（Moniez，1879）Blanchard，1891

形态结构：大型绦虫。虫体长 1 000.00～6 000.00 mm，最大宽度为 2.60 mm。头节长为 0.80～1.30 mm，缺吻突和吻钩，具有 4 个椭圆形或圆形的吸盘。生殖器官每节 2 套，生殖孔 1 对，位于节片两侧边缘的中央处。节间腺排列呈密集的带状，分布于节后缘的中央部分，这是与扩展莫尼茨绦虫的主要区别。睾丸 400～600 个，分布于节片中央髓部。输精管弯曲，雄茎囊呈梭形，横径为 0.30 mm，长径为 0.10 mm。卵巢 2 个，为扇形，位于节片的两侧。卵黄腺位于卵巢的中央后方，阴道呈管状弯曲，末端膨大为受精囊。孕卵节片的子宫呈网状分支，分布于整个体节。成熟的六钩蚴虫卵形状多样，但主要呈方形，这是与扩展莫尼茨绦虫区别的另一个特征。内胚膜形成梨形器，虫卵直径为 80.00～85.00 μm（图 50）。

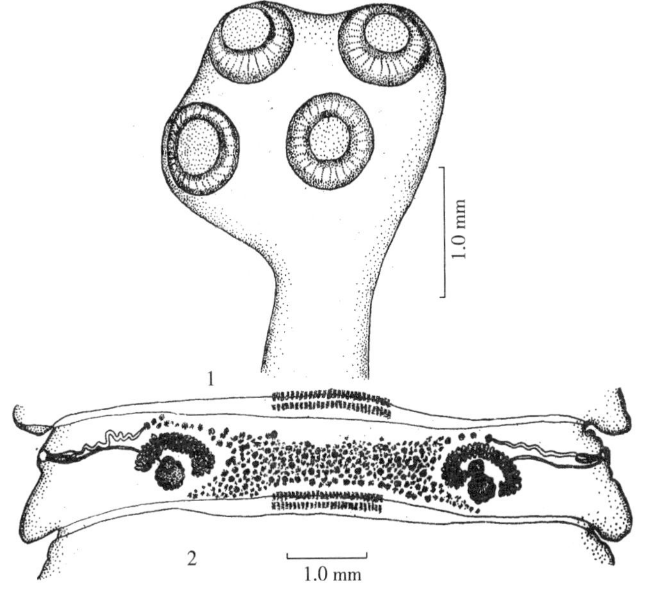

图 50　贝氏莫尼茨绦虫（*Moniezia benedeni*）

1. 头节　2. 成熟节片

（仿齐普生，1983）

宿主与寄生部位：黄牛、水牛、牦牛、绵羊、山羊、猪。小肠。

51. 扩展莫尼茨绦虫 ***Moniezia expansa*** **（Rudolphi，1805）Blanchard，1891**

形态结构：大型绦虫。新鲜时呈乳白色，全长为 1 000.00～6 000.00 mm，宽为 12.00～16.00 mm。头节细小呈球形，大小为（0.40～0.90）mm×（0.70～1.00）mm，具有 4 个吸盘而缺吻突和吻钩。链体节片宽大于长。每个节片近前缘的中区有横列的泡状，节间腺5～15 个。生殖器官 2 套。生殖孔开口于节片两侧缘的中线之前。睾丸有 300～400 个，分布于节片的中央区并伸展至卵黄腺之后，输精管卷曲状。雄茎囊呈梨形，横跨排泄管的腹面。卵巢 2 个，位于节片的两侧近前缘，分瓣似花片状。卵黄腺呈卵圆形，位于卵巢之后。阴道有波状弯曲，开口于生殖腔，远端膨大为受精囊。子宫在早期成熟节片中不明显，在孕节呈网状。虫卵呈圆形、卵圆形，或呈近三角形，有的呈近方形，大小为 50.00 μm × 67.00 μm。虫卵内胚膜形成梨形器，内含 1 个六钩蚴，大小为 20.00 μm×22.00 μm（图 51）。

宿主与寄生部位：牛（包括牦牛）、羊、马、骆驼。小肠。

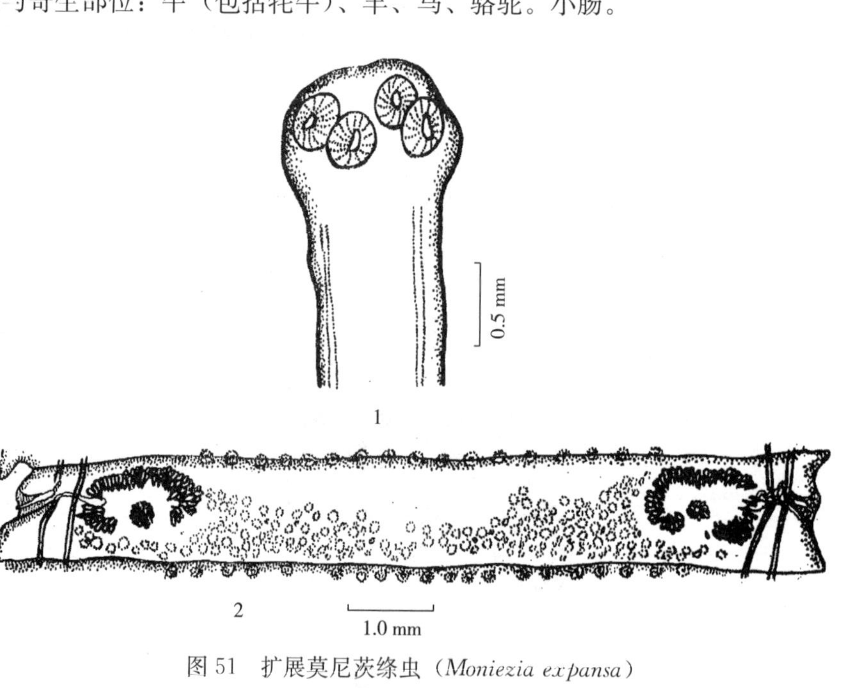

图 51　扩展莫尼茨绦虫（*Moniezia expansa*）

1. 头节　2. 成熟节片

（仿齐普生，1983）

无卵黄腺属　*Avitellina* Gough，1911

虫体分节不明显，生殖器官 1 套。生殖孔不规则地开口于节片侧缘。睾丸数目较少，位于节片外缘，分为 2 组，每组又被神经干和纵排泄管分隔成 2～3 个睾丸柱。卵巢与卵黄腺融合，位于节片生殖孔侧。子宫呈横囊状，后期子宫前方部位发育有副子宫器，内含许多囊（室），每个囊内有数个虫卵。成虫寄生于草食反刍动物，幼虫是似囊尾蚴，寄生于草场中弹尾目昆虫。

52. 中点无卵黄腺绦虫 ***Avitellina centripunctata*** **Rivolta，1874**

形态结构：大型绦虫。虫体狭而细长，长度可达 3 000.00 mm。头节呈圆形，大小为

1.43mm×1.19 mm；吸盘 4 个，呈圆形，大小为（0.33～0.46）mm×（0.21～0.46）mm。节片宽度大于长度，每个节片中仅 1 套生殖器官，生殖孔不规则地交替开口于节片边缘的中央。睾丸密集排列成 4 列圆柱状，呈圆形或椭圆形，大小为 0.08 mm×0.07 mm。雄茎囊呈长袋形，大小为 0.15 mm×0.06 mm。卵巢与卵黄腺融合为巢黄腺，位于节片中央偏生殖孔侧，呈长圆形，大小为 0.11 mm×0.03 mm。在子宫前方有副子宫器，内含许多囊（室），每个囊内含虫卵 3～10 个。虫卵大小为（56.00～91.00）μm×（62.00～76.00）μm，六钩蚴大小为（18.00～20.00）μm×（17.00～19.00）μm（图 52）。

宿主与寄生部位：牦牛、水牛、黄牛、绵羊、山羊、骆驼。小肠。

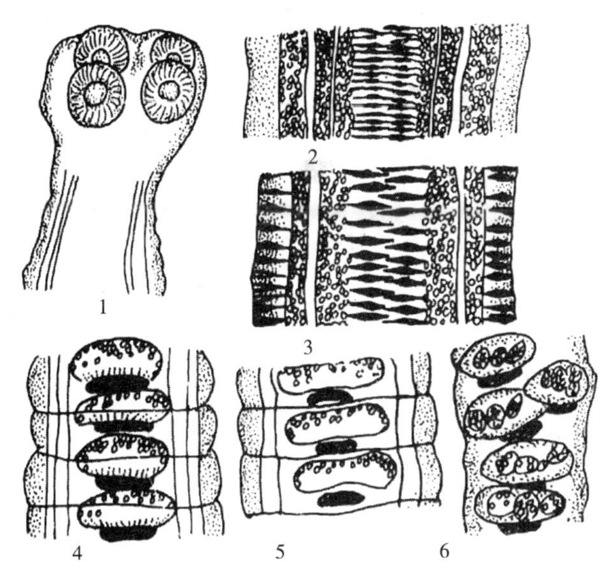

图 52 中点无卵黄腺绦虫（*Avitellina centripunctata*）
1. 头节 2. 未成熟节片 3. 成熟节片 4、5. 孕卵节片 6. 即将脱落的孕卵节片
（仿齐普生，1983）

53. 微小无卵黄腺绦虫 *Avitellina minuta* Yang，Qian，Chen，et al.，1977

形态结构：虫体细小，全长为 292.00～354.00 mm，最大宽度为 0.51～1.21 mm，虫体分节不明显，孕节分节也不明显。头节呈圆球形，大小为 0.62 mm×0.70 mm，无顶突，吸盘呈类圆形，大小为 0.46 mm×0.31 mm。成熟节片宽为 0.79～0.83 mm。睾丸呈圆形，大小为（19.00～21.00）μm×（20.00～21.00）μm，排列成 2 列或 3 列。雄茎囊呈长卵圆形，大小为（0.08～0.11）mm×（0.02～0.03）mm，雄茎常伸出生殖孔。卵巢呈圆形或椭圆形，大小为 0.66 mm×0.39 mm。孕卵节片长为 0.08～0.09 mm，宽为 0.57～0.67 mm（图 53）。

宿主与寄生部位：牦牛、黄牛、绵羊、山羊。小肠。

曲子宫属 *Thysaniezia* Skrjabin，1926

同物异名：*Helictometra* Baer，1927

大型绦虫。腹排泄管发达，生殖器官 1 套。生殖孔不规则地交替开口于侧缘。睾丸数目多，分布在腹排泄管外侧。雌雄生殖器官位于近生殖孔侧中央。卵黄腺分瓣。子宫呈横

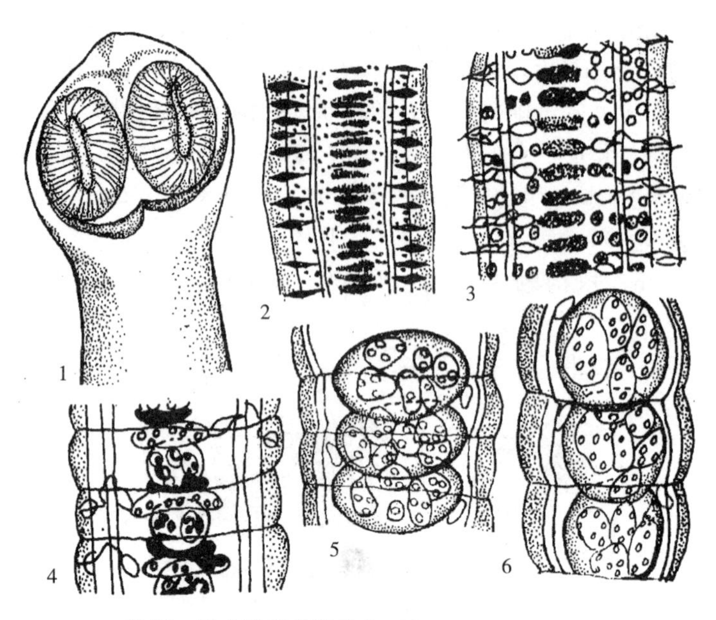

图 53　微小无卵黄腺绦虫（*Avitellina minuta*）

1. 头节　2. 未成熟节片　3. 成熟节片　4～6. 不同发育阶段的孕卵节片

（仿齐普生，1983）

管状，位于节片中央部分横中线前方，副子宫器小，数量多。成虫寄生于反刍动物，中间宿主为甲螨。

54. 盖氏曲子宫绦虫　*Thysaniezia giardi* Moniez，1879

形态结构：大型绦虫，长 152.00～210.00 mm，最大宽度 3.59 mm，节片宽度大于长度。有 2 对排泄管，腹排泄管粗大，在每个体节后缘有横管相连。生殖孔不规则地交替开口于节片侧缘后 1/3 处。头节圆形，有 4 个卵圆形吸盘。颈部短。单套生殖器官。睾丸卵圆形或圆形，分布于节片两侧，在生殖管侧分布于腹排泄管外、雄茎囊后方，反孔侧则沿着节片长度，从靠近前缘处向后，充满于侧缘与腹排泄管之间。每个节片有睾丸 69～92 个，近孔侧 25～40 个，反孔侧 40～52 个。输精小管横跨两腹排泄管之间，通过节片中央，连接两侧睾丸，再与输精管相通。输精管位于生殖孔侧、腹排泄管外侧，靠近节片前缘，高度盘曲回旋，末端进入后方的雄茎囊。雄茎囊呈梨形或袋状，在排泄管外侧，与腹排泄管交叠，斜向后方开口于泄殖腔，大小为 0.37 mm×0.16 mm。储精囊椭圆形，大小为 0.21 mm×0.10 mm。雄茎指状，不具棘，常翻出体外。卵巢位于体节中央部分横中线以后，靠近生殖孔侧排泄管，腺体向节片中前方呈扇形放射状排列。在卵巢后方稍有距离处为卵圆形的卵黄腺。阴道为细长的“S”形管，开口于雄茎囊后方的泄殖腔。受精囊卵圆形或梨形。早期子宫为横管状，位于节片横中线前方，两端均未及腹排泄管，在生殖孔侧有纵管与后方的卵巢相连。随着发育，子宫横管后方出现曲折的旋瓣（caudal loop），每个节片有旋瓣 23～29 个。同时，有同样数量旋瓣向前方伸出，但较短。然后在每个子宫旋瓣表面逐步形成副子宫器，类似整串的念珠。副子宫器卵圆形，外层有厚实的纤维层，纤维层内包绕虫卵。虫卵直径为 20.00～30.00 μm。六钩蚴大小为 20.00 μm×12.00 μm（图 54）。

宿主与寄生部位：牦牛、黄牛、水牛、绵羊、山羊。小肠。

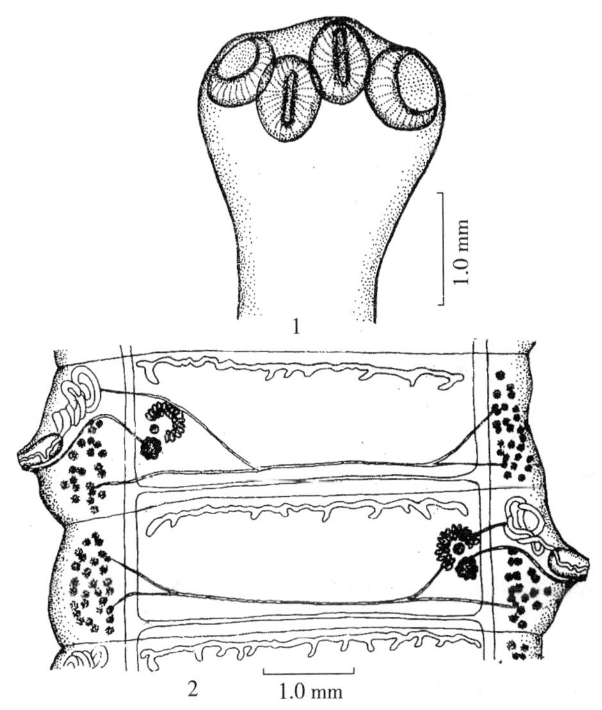

图 54　盖氏曲子宫绦虫（*Thysaniezia giardi*）
1. 头节　2. 成熟节片
（仿齐普生，1983）

带科　Taeniidae Ludwig，　1886

中型或大型绦虫。头节一般有 1 个吻突和 1～2 圈吻钩，少数不具吻突和吻钩，但都有 4 个吸盘。每节片生殖器官 1 套，生殖孔开口于节片侧缘。卵巢一般分左右两瓣，每瓣又分叶，呈网状。卵黄腺多呈网状或块状，位于节片后缘中央。睾丸数目多，分布于卵巢两侧。子宫早期呈管状直立于节片中央，后期子宫两侧分支并扩张占满孕节。成虫寄生于鸟类和哺乳类，幼虫期为囊尾蚴，宿主主要为哺乳类动物。

棘球属　*Echinococcus* Rudolphi，1801

小型绦虫，只有 3～7 个节片。头节有吻突和吻钩。生殖孔不规则地交叉开口于节片侧缘。睾丸 20～60 个。子宫于孕卵片膨大呈囊状，有的有分瓣。成虫寄生于肉食动物，幼虫为棘球蚴，寄生于脊椎动物。

55. 囊状棘球蚴　*Echinococcus cysticus* Huber，1891

同物异名：兽形棘球蚴　*Echinococcus veterinarum* Huber，1891
　　　　　细粒棘球蚴　*Echinococcus granulosus*（larva）

形态结构：为细粒棘球绦虫的幼虫。虫体呈包囊状，内充满液体，直径为10.00～500.00 mm。囊壁较厚、较硬，分为两层，外层为角质层，内层为胚层，胚层结构具微粒物质，许多类型的细胞浸润于其中。胚层上可生出许多生发囊、原头蚴、子囊，有的原头蚴可再生空泡，长大后形成生发囊、原头蚴、子囊（图 55）。

宿主与寄生部位：牦牛、黄牛、水牛、山羊、绵羊、马、猪。肝、肺。

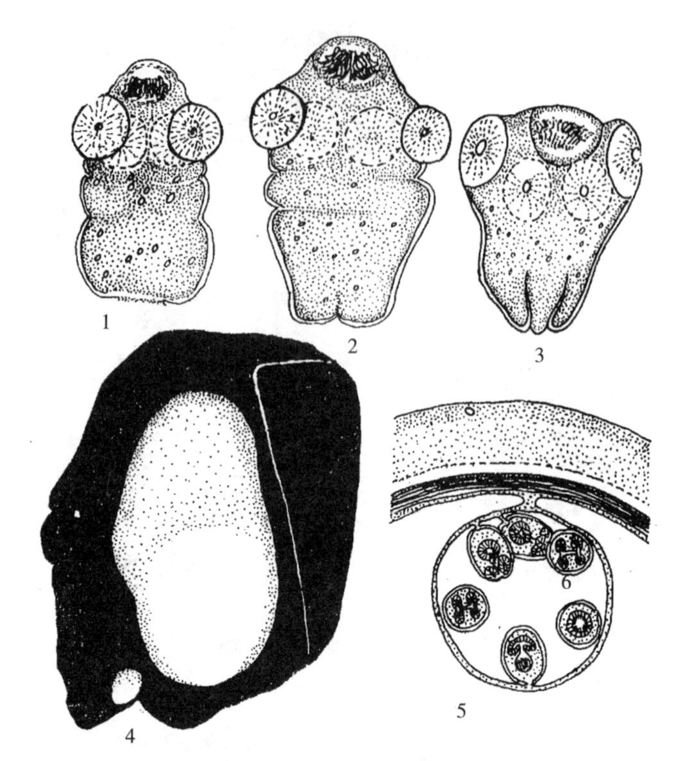

图 55　囊状棘球蚴（*Echinococcus cysticus*）

1、2. 头节外翻的原头蚴　3. 头节内嵌的原头蚴　4. 肝上的细粒棘球蚴包囊
5. 棘球蚴模式结构

多头属　*Multiceps* Goeze，1782

中型绦虫。头节有吻突和两圈排列的大小吻钩。生殖孔一般交叉开口，睾丸很多，分布于两侧排泄管内侧。阴道管状，在雄茎囊之后的部分有弧形小弯曲。成虫寄生于犬、猫等肉食动物，幼虫为多头蚴，囊壁生发层生长着许多头节，寄生于反刍动物和兔类。

56. 脑多头蚴　*Coenurus cerebralis* Batsch，1786

形态结构：为多头绦虫的幼虫。虫体呈囊泡状，为乳白色半透明，囊内充满液体，囊泡大小由豌豆大至鸡蛋大。囊壁由外膜和内膜两层组成，外膜为角皮层，内膜为生发层。内膜上簇生出许多原头蚴（原头节），原头蚴直径为 2.10～3.20 mm，数量为 40～400 个，其数目与囊泡大小成正比。原头蚴具有 4 个圆形吸盘，直径为 0.21～0.24 mm，其顶端吻突上有大小相间排列的两圈钩，数目为 26～30 个，大钩长为 0.14～0.05 mm，小钩长为 0.93～0.11 mm（图 56）。

宿主与寄生部位：牦牛、黄牛、绵羊、山羊、马、骆驼、猪、兔。脑、脊髓、肌肉。

带属　*Taenia* Linnaeus，1758

中型或大型绦虫，具有科的典型特征。具有吻突和吻囊，吻突上有大小吻钩各 1 圈。生殖孔不规则交叉。睾丸较多，分布于纵排泄管内侧，雌性生殖腺主要分布于节片后半部。成虫主要寄生于人和肉食动物的小肠，个别寄生于鸟类。幼虫为囊尾蚴，主要寄生于各类脊椎动物的内脏。

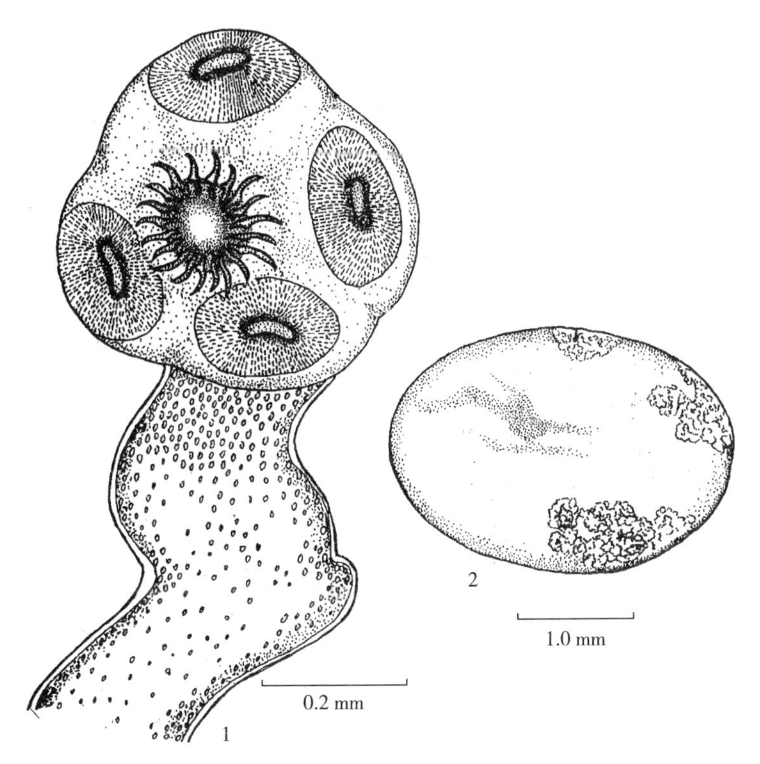

图 56　脑多头蚴（*Coenurus cerebralis*）
1. 头节　2. 包囊

57. 细颈囊尾蚴　*Cysticercus tenuicollis* Rudolphi，1810

形态结构：虫体呈囊泡状，囊壁乳白色，泡内充满透明液，囊体由黄豆到鸡蛋大，有时可达小儿头大。从囊壁上看见一个白色的结节就是它的颈和头节，如使其小结从内凹部翻出来，则可见到一个细长的颈部。其外面包着一层不透明的厚膜（图 57）。

宿主与寄生部位：牦牛、猪、牛、羊、骆驼、马、兔、鸡、鸭。肠系膜、胃网膜、肝、肺、横膈膜。

带吻属　*Taeniarhynchus* Weinland，1858

中型或大型绦虫，虫体肥厚。吻突退化成斑状痕迹，无吻钩，4 个吸盘发达。生殖孔开口于节片中部，略向外突出，不规则交错排列，输精管呈曲线或螺旋状，无储精囊，雄茎囊长椭圆形。卵巢二叶，其生殖孔侧叶小于另侧叶。虫卵近圆形，卵壳极薄，无色透明。成虫寄生于人，幼虫期为囊尾蚴，寄生于牛、羊、骆驼等反刍动物。

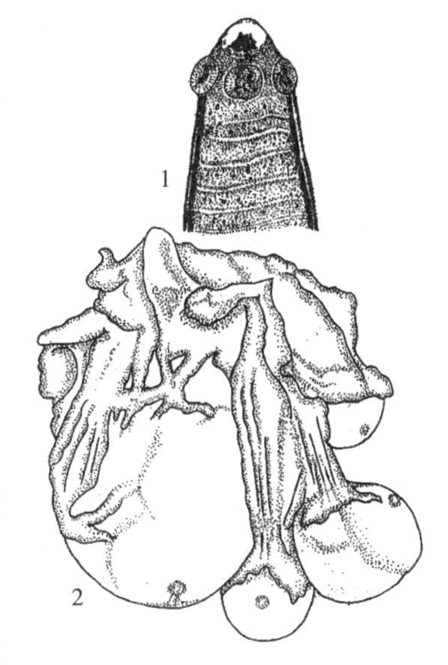

图 57　细颈囊尾蚴
（*Cysticercus tenuicollis*）
1. 头节　2. 肠系膜上的细颈囊尾蚴

58. 牛囊尾蚴　*Cysticercus bovis* Cobbold，1866

形态结构：呈灰白色，为半透明的囊泡，直径约 10.00 mm。囊内充满液体，囊壁一端有一内陷的粟粒大的头节，直径为 1.50～

2.00 mm,上有 4 个吸盘，无顶突和小钩（图 58)。

宿主与寄生部位：牦牛、牛、羊、猪。肌肉、心脏、肺、皮下，其中在猪寄生于肝、大网膜及肠系膜（成虫为无钩带吻绦虫，寄生于人)。

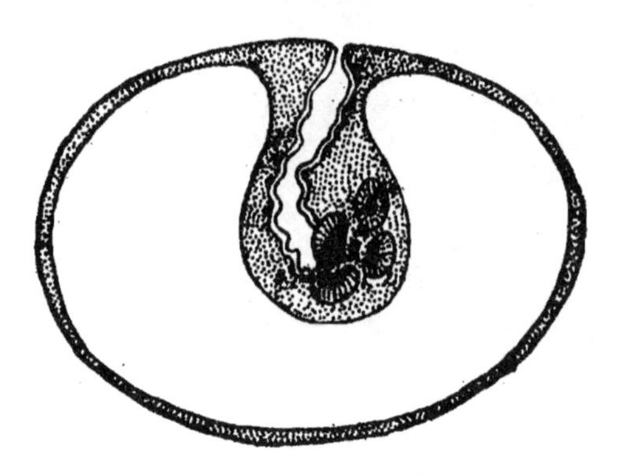

图 58　牛囊尾蚴（*Cysticercus bovis*）

第四部分 线　　虫

PART Ⅳ：NEMATODE

线虫属线形动物门，本部分包括1门、1纲、6目、14科、21属的57种线虫。

线形动物门　Nemathelminthes Schneider，　1873

通常为两侧对称的圆柱形或纺锤形，有的呈线形或毛发状。雌雄异体，异形，雄虫比雌虫小。虫体明显分头部、尾部、背面、腹面。消化系统有口、食道、肠和直肠、肛门。生殖器官为简单的弯曲管状，有生殖孔，雄虫的肛门与生殖孔合为泄殖腔。有排泄孔。体壁由角质层、皮下组织和肌层构成。有神经系统，食道中部有神经环，相当于中枢。无呼吸器官与循环系统。

线形纲　Nematoda Rudolphi，1808

（特征同门）

杆形目　Rhabdiasidea Yamaguti，1961

寄生生活时仅有雌虫，食道无食道球，行孤雌生殖。自由生活时，可能存在雌虫和雄虫，食道后部膨大，具食道肠瓣，行两性交配生殖。子宫2支，一向前，一向后，生殖孔开口于虫体的中部或后部。

类圆科　Strongyloididae Chitwood et McIntosh，　1934

小型线虫。寄生生活时虫体口腔短或缺，食道细长，无食道球。雌虫尾短，阴门位于虫体后1/3处，子宫为相对向的双管，卵巢弯曲，卵胎生或胎生。自由生活时前端有两个侧唇。

▶ **类圆属**　*Strongyloides* Grassi，1879

（特征同科）

59. 乳突类圆线虫　*Strongyloides papillosus*（Wedl，1856）Ransom，1911

形态结构：寄生性雌虫体长为4.38～5.92 mm、最大宽度为0.05～0.07 mm。虫体前1/3的宽度逐渐增大，其余部分粗细几乎相等。头端有4个唇片，口腔小。口孔附近有大量不明显的乳突。食道为长的圆柱形，约占虫体全长的1/6。阴门横裂，前后有唇，约位于虫体后1/3处，距尾端1.80～2.30 mm。肛门距尾端0.05～0.08 mm。尾部在肛门后突然收缩成指状，尾端锥形。虫卵两端较钝，卵壁较薄，新鲜粪便内的虫卵含有折刀状或盘曲的幼虫。虫卵大小为（42.00～60.00）μm×（25.00～36.00）μm（图59）。

宿主与寄生部位：牦牛、绵羊、山羊、黄牛、水牛、骆驼、猪、兔。小肠黏膜内。

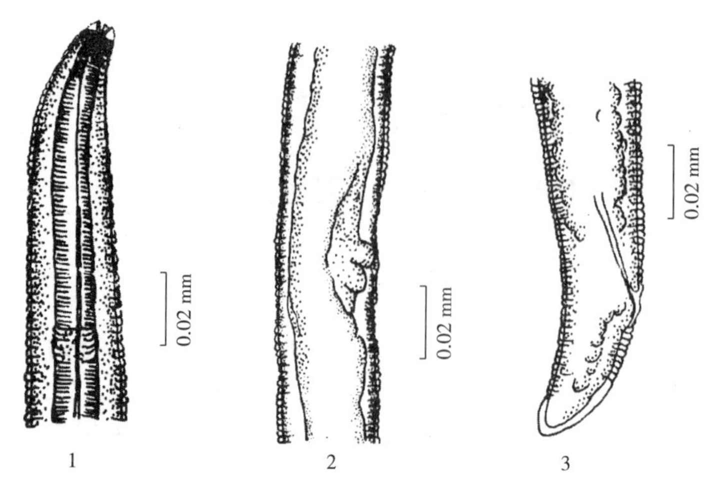

图 59　乳突类圆线虫（*Strongyloides papillosus*）
1. 第五期幼虫前部　2. 阴门部分　3. 雌虫尾端

蛔目　Ascaridida Yamaguti, 1961

大型线虫。头端具 3 片唇，背唇有 1 对双乳突，两侧唇有 1～2 个单乳突和 1～2 个双乳突，食道圆柱形，肌质，基部有胃或盲突。雄虫尾部短，钝而有小尖，交合刺 1 对，相同。雌虫尾突圆锥形，阴门位于虫体前部，卵生。虫卵呈球形。

蛔科　Ascarididae Blanchard,　1849

两侧唇各有 1 个双乳突，1 个单乳突。食道后无腺胃或盲突。雄虫尾部有多个肛乳突，交合刺 1 对，等长或不等长。寄生于哺乳动物肠中。

新蛔属　*Neoascaris* Travassos,　1927

3 个唇，内缘齿嵴明显，每个唇髓有 3 个前延长部，1 个在内，2 个在外，后者由深凹分开。无中间唇。颈翼短小。食道分为前肌质部和后腺质膨大部，背食道腺向前扩展越过颈环，亚腹腺限于食道后部。雄虫尾部末端有圆锥形的附属物，每侧有 2 对或更多的乳突，泄殖腔两侧各有 1 个大乳突和几对肛前乳突。交合刺圆柱形或槽沟状。子宫不成对部分短于成对部分的一半。阴门在体前部。虫卵表面呈蜂窝状。寄生于哺乳动物。

60. 犊新蛔虫　*Neoascaris vitulorum*（Goeze，1782）Travassos，1927

同物异名：犊弓首蛔虫　*Toxocara vitulorum* Goeze，1782

形态结构：虫体粗壮，淡黄色，前后部稍狭小，体表有横纹和 4 条纵线。头端具 3 个唇片，唇内缘有 1 列小齿，背唇有 2 个大的双乳突，2 个亚腹侧唇各有 1 个大的双乳突和 1 个小的单乳突。唇髓有深凹，左右分为 2 叶。无中间唇。食道圆柱形，后端有 1 个小的腺体胃与肠管相接。雄虫体长为 110.00～200.00 mm。尾端呈圆锥形，弯向腹面，有 3～5 对肛后乳突（其中 1 对为双乳突），有许多肛前乳突。交合刺 1 对，形状相似，等长或稍不等长，大小为（0.57～1.30）mm×（0.04 mm～0.06）mm。雌虫体长为 140.00～300.00 mm。尾直，阴门开口于体前部 1/8～1/6 处。虫卵近于圆形，大小为（70.00～90.00）μm×（60.00～66.00）μm，卵壳厚，外层呈蜂窝状，胚胎为单细胞期（图 60）。

宿主与寄生部位：牦牛、黄牛、水牛、瘤牛。小肠。

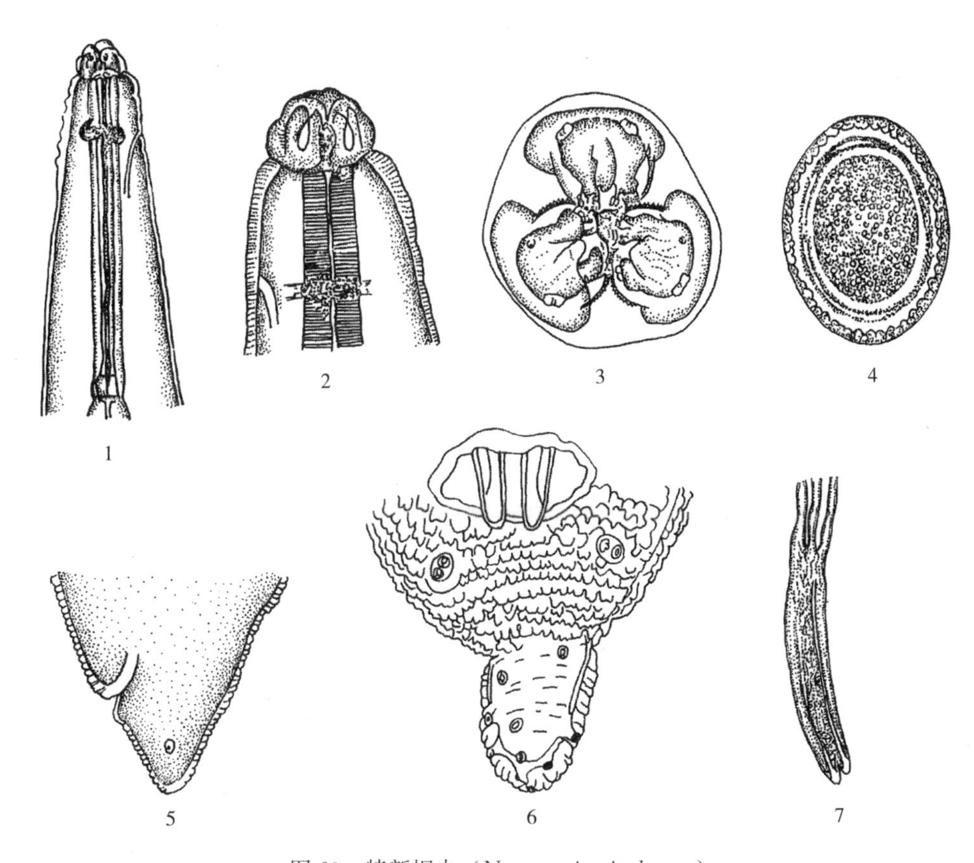

图 60　犊新蛔虫（*Neoascaris vitulorum*）

1. 体前部　2. 前端侧面　3. 头端顶面　4. 虫卵　5. 雌虫尾部侧面　6. 雄虫尾部腹面　7. 交合刺

圆形目　Strongylidea Diesing，1851

头端无唇或具两侧唇，口腔发达或不发达，食道圆柱形或后部稍膨大。雄虫具发达的交合伞，由辐肋支持，交合刺 1 对，形状相同或稍不相同。雌虫阴门位于体后部，阴道与子宫连接处常具有排卵器。卵巢 1 对，子宫为前子宫或对子宫，卵生或卵胎生。

夏柏特科　Chabertidae Lichtenfels，　1980

中型线虫。有的头部有头泡和颈沟，口囊球形、亚球形或漏斗状，壁厚。有的在口缘有钩状齿，有的叶冠发达，食道棒状，雄虫交合伞发达，腹肋并列，前侧肋与中后肋分开，背肋中部分 2 支，每支再分小支。交合刺细长，形态同，有引带。雌虫尾部圆锥形，阴门位于虫体后部或近肛门处。寄生于哺乳动物肠中。

夏柏特属　*Chabertia* Railliet et Henry，1909

虫体前端向腹面弯曲。口囊球形，内无齿，口大，有 2 圈叶冠。有的种有颈沟。雄虫中侧肋与后侧肋并列，外背肋从背肋主干的上 1/3 与中 1/3 交界处分出。背肋粗，远端分成 2 支，分支再分小支。雌虫阴门靠近肛门。

61. 叶氏夏柏特线虫 ***Chabertia erschowi*** **Hsiung et Kung，1956**

形态结构：虫体圆柱形，前端弯向腹面。外叶冠圆锥形，顶端骤然变细；内叶冠为口囊顶部的一种狭长体。口囊大，近乎圆形。无颈沟。食管棍状，神经环位于食道中部的稍下方。雄虫体长为 13.00～17.50 mm、最大宽度为 0.48～0.66 mm。口囊深为 0.40～0.52 mm、宽为 0.40～0.52 mm。食道长为 1.10～1.40 mm。交合伞背叶与侧叶界线不明显。腹腹肋的大部分紧密并列，远端稍微分开。侧腹肋达伞缘，但腹腹肋不达伞缘。外背肋远端钝，距伞边甚远。伞前乳突明显。交合刺 1 对，棕色管状，等长，长为 1.92～2.55 mm，末端翼膜显著。引带铲状，无柄，长为 0.12～0.17 mm。雌虫体长为 17.00～27.00 mm，最大宽度为 0.57～0.83 mm。阴门至肛门 0.17～0.26 mm。阴门距尾端 0.40～0.44 mm，阴道长为 0.34～0.67 mm。尾长为 0.19～0.30 mm，自阴门之后虫体稍向腹侧弯曲，至肛门之后骤然变细，成一短尾而翘向背侧。虫卵大小为（82.00～103.00）μm×（51.00～61.00）μm（图 61）。

宿主与寄生部位：牦牛、绵羊、山羊、黄牛、骆驼、水牛。盲肠、结肠。

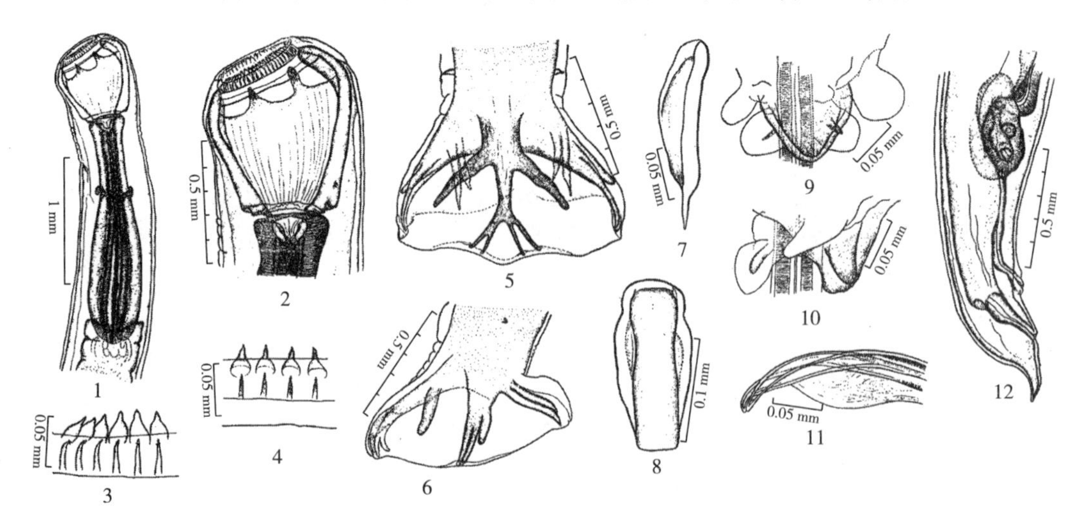

图 61　叶氏夏柏特线虫（*Chabertia erschowi*）

1、2. 虫体前端侧面　3. 在甘油乙醇液中加热固定后的叶冠　4. 活体的叶冠
5. 交合伞背侧面　6. 交合伞侧面　7. 交合刺引器半侧面　8. 交合刺引器背面
9. 生殖锥腹侧面　10. 生殖锥腹侧面　11. 交合刺末端　12. 雌虫尾部右侧面
注：5～11 为雄虫。

62. 羊夏柏特线虫 ***Chabertia ovina*** **（Fabricius，1788）Railliet et Henry，1909**

形态结构：虫体前端向腹面弯曲，口大，边缘有两圈叶冠，外叶冠呈三角形。口囊大，无齿，宽为 0.49～0.57 mm、深为 0.44～0.54 mm。头泡小。雄虫体长为 13.01～21.50 mm、宽为 0.57～0.84 mm。交合伞较短，背叶略长于侧叶。交合刺 2 根等长，有横纹，长为 1.31～2.47 mm，近端宽 0.04～0.05 mm。引带淡褐色，呈鞋底状，大小为（0.08～0.25）mm×（0.02～0.09）mm。雌虫体长为 14.01～28.42 mm、宽为 0.76～1.23 mm。阴门呈横缝状，阴唇略凸起，距尾端 0.38～0.57 mm。肛门距尾端 0.21～0.28 mm。尾部尖并弯向背面。虫卵大小为（83.00～91.00）μm×（40.00～48.00）μm（图 62）。

宿主与寄生部位：牦牛、绵羊、山羊、黄牛、骆驼、水牛。盲肠、结肠。

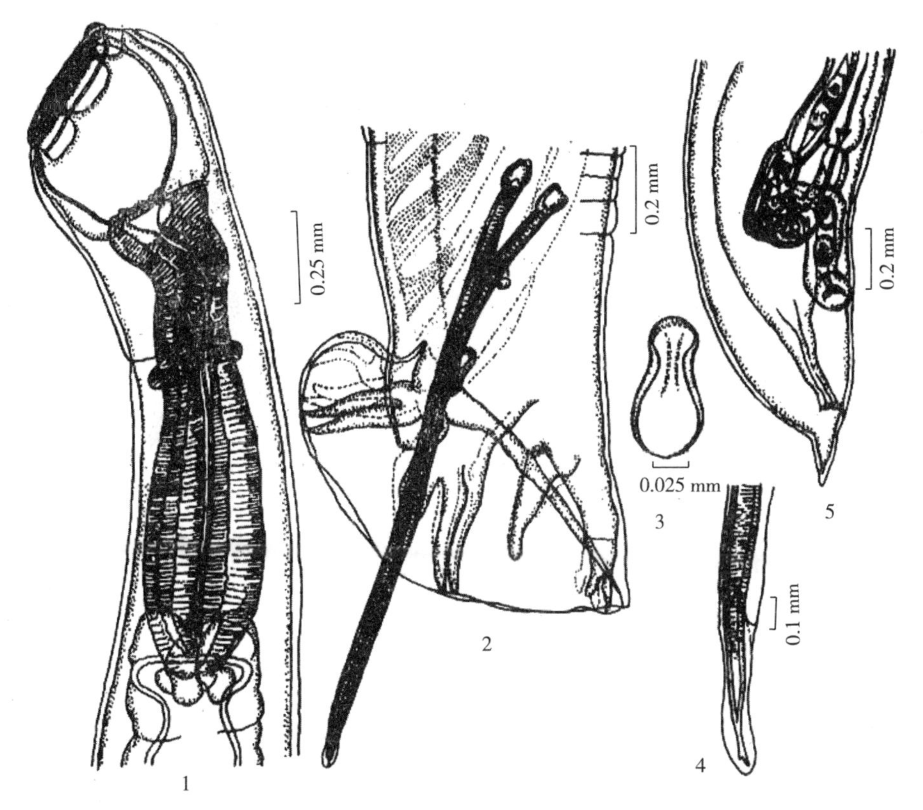

图 62　羊夏柏特线虫（*Chabertia ovina*）

1. 成虫前部侧面观　2. 雄虫尾部侧面观　3. 引带腹面观　4. 交合刺远端　5. 雌虫尾部侧面观

63. 陕西夏柏特线虫　*Chabertia shanxiensis* Zhang，1985

形态结构：虫体呈圆柱状，头端削平，尾端稍细。口囊呈长椭圆形，口囊壁厚，口孔向前偏向腹侧。环绕口孔的两圈叶冠，外叶冠呈圆锥状叶体，其顶端突变细；内叶冠不明显。具有宽而明显的颈沟，食道漏斗内无齿。神经环位于食道中部稍前，无颈乳突。雄虫体长为 9.85～15.24 mm、最大宽度为 0.47～0.62 mm。口囊大小为（0.40～0.51）mm×（0.20～0.33）mm。交合伞小，外背肋对称；腹肋并列；前侧肋与中、后侧肋分离，中、后侧肋并列；外背肋从背肋主干分出，背肋粗，末端分为 2 支，每支又分为 2 小支。伞前乳突明显。交合刺 1 对，呈管状，棕色、等长，长为 1.31～1.52 mm，远端逐渐变细，末端稍弯曲并有翼膜。引带椭圆形，黑棕色，长为 0.13～0.16 mm。生殖锥背突部和腹突部均呈舌状，腹突部略小，背突部两旁有椭圆形的泡状构造，腹突部后端有 2 个椭圆形泡状突起。雌虫体长为 14.26～19.88 mm、最大宽度为 0.58～0.77 mm。口囊大小为（0.45～0.53）mm×（0.29～0.37）mm。阴唇稍凸出体表，阴门靠近肛门，阴门横缝状开口于虫体后部，距离尾端 0.38～0.52 mm。阴道长为 0.19～0.45 mm。排卵器呈蚕豆形，长为 0.24～0.27 mm。肛门距离尾端 0.15～0.27 mm，尾端尖而弯向背面（图 63）。

宿主与寄生部位：牦牛、黄牛。大肠。

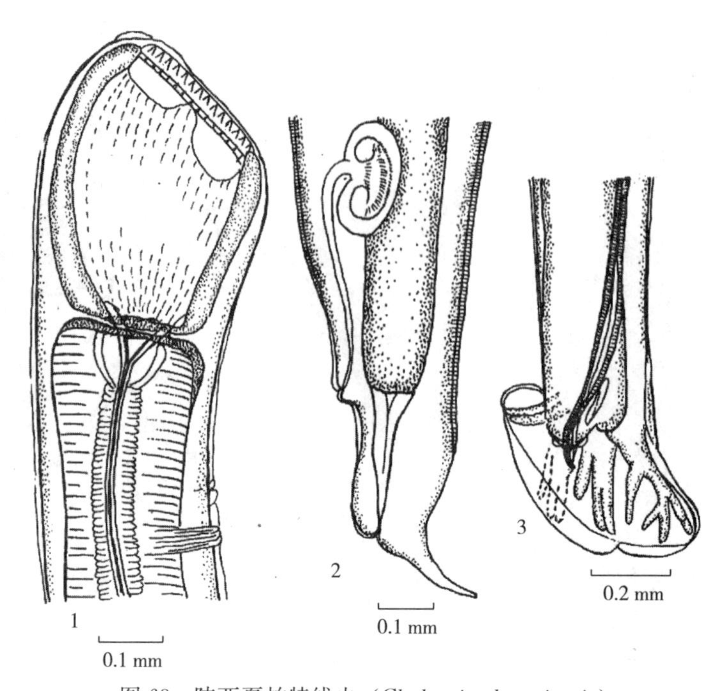

图 63　陕西夏柏特线虫（*Chabertia shanxiensis*）

1. 成虫头部侧面观　2. 雌虫后部侧面观　3. 雄虫尾部侧面观

食道口属　*Oesophagostomum* Molin，1861

同物异名：结节虫属

有的种有侧翼膜，使虫体前端呈弯曲钩状，口囊多呈短圆柱状，口领上有 6 个环口乳突。有头泡和颈沟，颈沟一般围绕虫体腹侧和两侧，有颈乳突。雄虫交合伞发达，辐肋排列典型，腹肋平行到达伞边缘，中、后侧肋并行达到伞边缘，前侧肋与它们分开不达伞边缘，外背肋单独分出，末端不达伞边缘，背肋先分 2 支，各支的后部再分 2 小支，其外侧支短，不达伞边缘，内侧支长，达伞边缘，伞前乳突发达。交合刺引带铲状。雌虫阴门位于肛门前方。排卵器肾形。虫卵椭圆形、壳薄。

64. 粗纹食道口线虫　*Oesophagostomum asperum* Railliet et Henry，1913

形态结构：口囊的宽度是深度的 2.2 倍。叶冠数目，外圈为 10～12 个，内圈为 20～24。头端角皮膨大形成头泡。无侧翼膜。颈乳突位于食道底之后，颈沟位于食道中部的稍前方，神经环位于食道中部，食道漏斗小。雄虫大小为（13.00～15.00）mm×（0.40～0.52）mm。食道长度为 0.65～0.80 mm。颈乳突距头端 1.12 mm。交合刺长度为1.41～1.70 mm。引带为铲状，柄部为一小结，长为 0.10 mm。雌虫大小为（17.30～20.30）mm×（0.50～0.70）mm。食道长度为 0.70～0.88 mm。颈乳突距头端1.15 mm。尾部长度为 0.10～0.23 mm。阴门距尾端 0.28～0.50 mm。虫卵大小为92.00 μm×46.00 μm（图 64）。

宿主与寄生部位：牦牛、黄牛、山羊、绵羊、水牛。结肠、盲肠。

65. 哥伦比亚食道口线虫　*Oesophagostomum columbianum*（Curtice，1890）Stossich，1899

形态结构：虫体前端呈钩状向背面弯曲，头囊不膨大。侧翼膜发达，从颈沟向后延伸

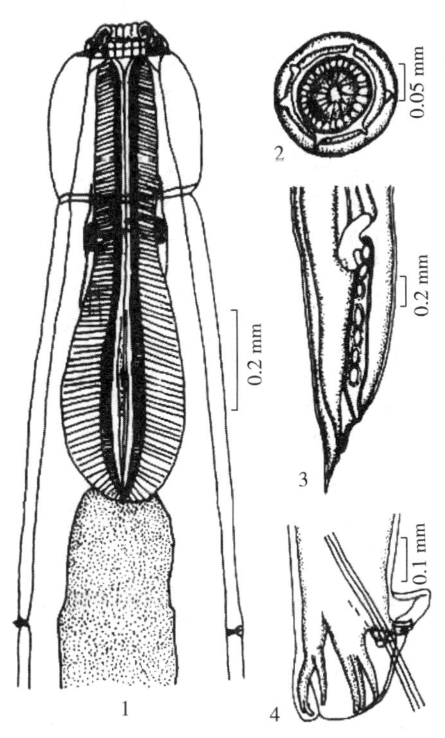

图 64 粗纹食道口线虫（*Oesophagostomum asperum*）

1. 成虫前部 2. 头端顶面观 3. 雌虫尾部侧面观 4. 交合伞侧面观

直至雄虫交合伞和雌虫的阴门稍后方。外叶冠 20～24 片，内叶冠 40～48 片。食道长为 0.82～1.15 mm。颈沟距头端 0.24～0.28 mm。颈乳突细长而尖，位于颈沟的稍后方。雄虫体长为 12.20～14.80 mm、最大宽度为 0.32～0.40 mm。交合伞发达，背叶几乎与侧叶不分开，背叶边缘中央有一缺刻。伞前乳突小。生殖锥由背、腹两唇片组成，腹唇中央呈锥形，两侧扁平；背唇与腹唇几乎等宽，两侧有囊状凸起物。交合刺长为 0.74～0.90 mm。引带长为 0.10 mm，呈铲状，柄部弯向后。雌虫体长为 15.00～18.00 mm、最大宽度为 0.30～0.50 mm。阴唇中部隆起，阴门距离尾端 0.95～1.20 mm。阴道短，长度不超过 0.20 mm，横列。肛门距离尾端 0.30～0.60 mm，尾端尖。虫卵大小为（74.00～88.00）μm×（45.00～54.00）μm（图 65）。

宿主与寄生部位：牦牛、水牛、黄牛、绵羊、山羊。盲肠、结肠。

66. 甘肃食道口线虫 *Oesophagostomum kansuensis* Hsiung et Kung，1955

形态结构：虫体口周围有 2 圈叶冠，外叶冠 11～12 片，内叶冠 22～24 片。头泡较小，侧翼膜发达。神经环在食道中线前方，颈乳突位于食道之后。雄虫体长为 10.70～11.54 mm、宽为 0.36～0.44 mm。交合伞由 3 叶组成，背叶边缘有凹陷与侧叶分开。生殖锥有背唇和腹唇，腹唇为锥形凸起，背唇与腹唇相似，后端两旁有圆形泡状乳突。交合刺长为 0.65～0.74 mm。引带呈铲状，柄部仅呈一小结状。雌虫体长为 13.20～15.40 mm、宽为 0.45～0.55 mm。尾部弯向腹面。肛门至尾端 0.20～0.25 mm。阴道长为 0.24～0.29 mm。阴门距尾端 0.54～0.57 mm（图 66）。

宿主与寄生部位：牦牛、绵羊、山羊、黄牛。大肠。

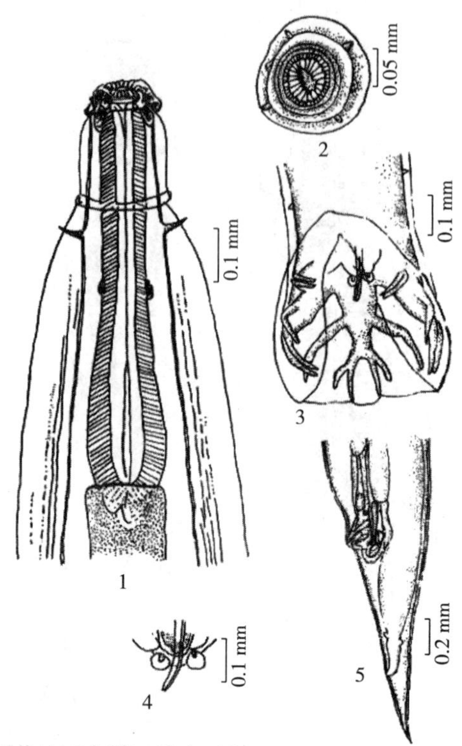

图 65　哥伦比亚食道口线虫（*Oesophagostomum columbianum*）

1. 成虫前部　2. 头端顶面观　3. 交合伞　4. 生殖锥　5. 雌虫尾部侧面观

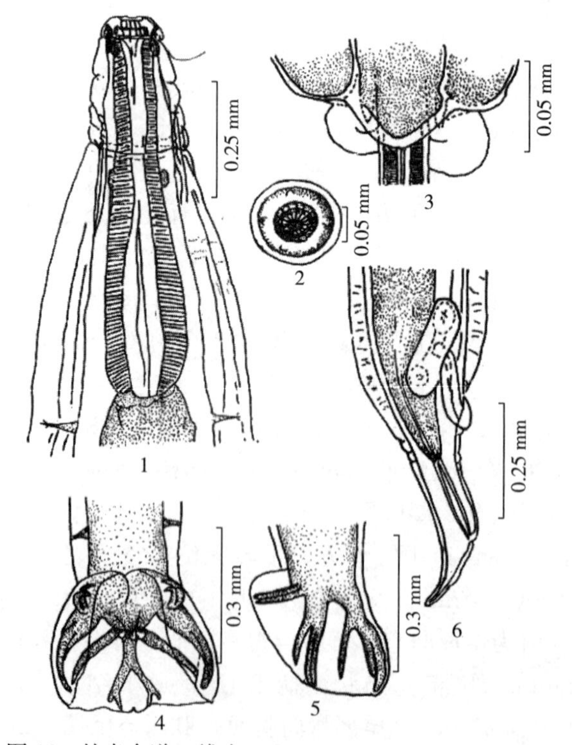

图 66　甘肃食道口线虫（*Oesophagostomum kansuensis*）

1. 成虫前部腹面观　2. 头端顶面观　3. 生殖锥　4. 雄虫交合伞腹面观　5. 交合伞侧面观　6. 雌虫后部侧面观

67. 辐射食道口线虫　*Oesophagostomum radiatum*（Rudolphi，1803）Railliet，1898

形态结构：虫体前端略有弯曲，口囊由细致的环组成，宽度超过深度2倍。无外叶冠，内叶冠由38～40片小圆锥形隆突构成。口领厚，后有头沟。颈沟明显，位于食道的前半部。颈乳突位于颈沟稍后方，侧翼膜发达。食道的漏斗膨大，前端伸入口领内。雄虫大小为（13.9～15.20）mm×（0.29～0.37）mm。食道长为0.57～0.70 mm。交合刺长为0.65～0.75 mm。引带长为0.10 mm。交合伞大。在侧肋主干的后部，侧肋分支水平的稍上方有一个大的钝圆形凸起。外背肋弯曲，其角度近于直角。背肋于中部分为左右2支，各支于近端2/5处分内外侧支。外侧支较细短，末端呈指状，内侧支稍细长，末端达伞缘。内外侧2小支之间另有1小分支。雌虫体大小为（14.70～18.00）mm×（0.27～0.40）mm。食道长为0.58～0.74 mm。尾部长为0.25～0.33 mm。阴门距尾端0.77～0.99 mm，阴道处于水平状。虫卵大小为（70.00～76.00）μm×（36.00～40.00）μm（图67）。

宿主与寄生部位：牦牛、黄牛、水牛、绵羊、山羊。盲肠、结肠。

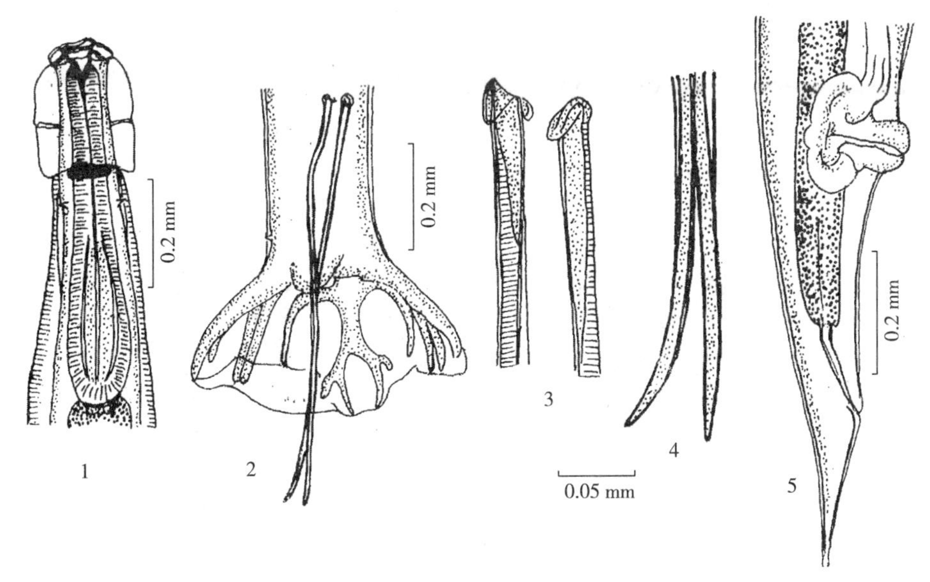

图67　辐射食道口线虫（*Oesophagostomum radiatum*）

1. 成虫前部　2. 交合伞　3. 交合刺始端　4. 交合刺远端　5. 雌虫后部侧面观

钩口科　Ancylostomatidae Looss，　1906

口囊发达，内有腹齿或板齿。无叶冠，交合伞宽，侧叶发达，背肋有小分支。阴门不在虫体中部。雌虫生殖器官为双管型。寄生于哺乳类消化道。

▶ 仰口属　*Bunostomum* Railliet，1902

虫体前端弯向背面，口缘有1对腹板齿，口囊漏斗状，具1～2对三棱形亚腹齿，背沟显著。雄虫交合伞背叶不对称，腹肋和侧腹肋起于共同主干，中侧肋和后侧肋只在远端分开，两外背肋起于背肋主干的不同平面，背肋2支，每支末端呈2个或3个指状。交合刺等长，无引带。雌虫阴门在虫体中点之前。寄生于反刍动物。

68. 牛仰口线虫　*Bunostomum phlebotomum*（Railliet，1900）Railliet，1902

形态结构：虫体头端向背面弯曲。口囊发达呈漏斗状，腹侧有1对板齿，底部腹侧有2对亚腹侧齿。雄虫体长为11.60～16.89 mm、宽为0.42～0.55 mm。食道长为1.68～

2.10 mm。交合伞两侧叶发达，背叶不对称。右外背肋在背肋基部伸出一细长支，左外背肋在背肋分成 2 支的左侧支基部伸出 1 短支，背肋分为 2 支，远端各呈三指状。交合刺成对，棕色，细长，长为 4.52～5.04 mm。雌虫长为 16.59～27.68 mm、宽为 0.53～0.55 mm。食道长为 1.83～3.27 mm。阴门距尾端 9.77～16.68 mm。尾长为 0.44～0.77 mm。虫卵大小为（83.00～98.00）μm×（47.00～58.00）μm（图 68）。

宿主与寄生部位：牦牛、黄牛、水牛、山羊、绵羊。小肠。

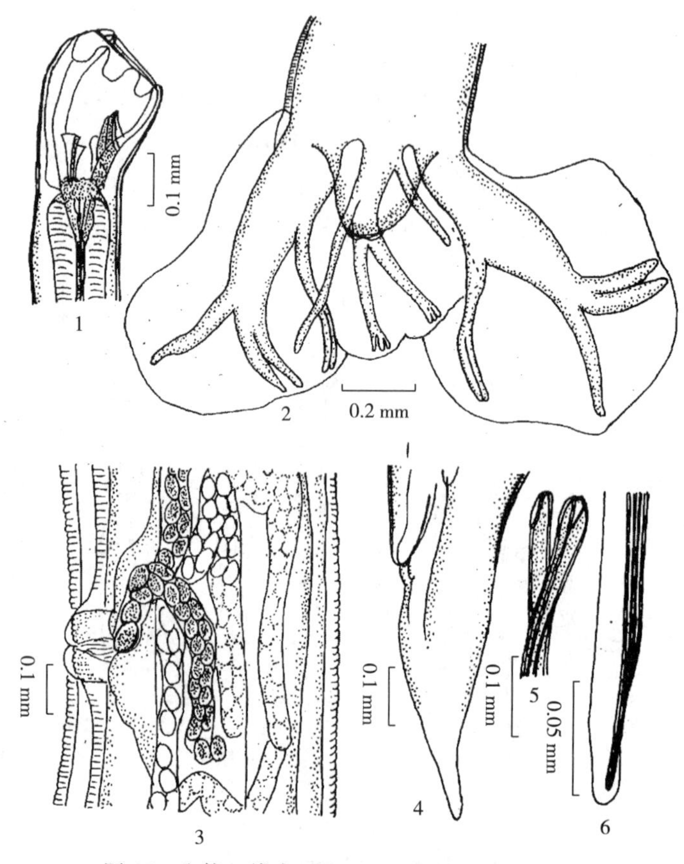

图 68　牛仰口线虫（*Bunostomum phlebotomum*）

1. 成虫前部侧面观　2. 交合伞　3. 雌虫阴门部分　4. 雌虫尾部侧面观　5. 交合刺始端　6. 交合刺远端

69. 羊仰口线虫　*Bunostomum trigonocephalum*（Rudolphi，1803）Railliet，1902

形态结构：虫体前端弯向背面。口囊大，呈漏斗状，腹面有 1 对半月形角质板齿，基部有 1 个长的背齿。口囊底部有 1 对三棱形的亚腹齿。雄虫体长为 14.68～16.46 mm、宽为 0.42～0.47 mm。食道长为 1.25～1.34 mm。交合伞侧叶发达，背叶小，不对称。右外背肋在背肋基部伸出一细长支，左外背肋在背肋分成 2 支的左侧支基部伸出 1 短支，背肋分为 2 支，远端各呈三指状。交合刺等长，棕色，具细横纹状翼膜，交合刺长为 0.67～0.78 mm。引带缺。雌虫长为 24.78～25.46 mm、宽为 0.53～0.58 mm。食道长为1.50～1.55 mm。阴门距尾端 15.44～16.33 mm。尾长为 0.40～0.47 mm。虫卵大小为（73.00～88.00）μm×（46.00～57.00）μm，两端钝圆，随粪便排出时，内含 8～16 胚细胞和黑色颗粒（图 69）。

宿主与寄生部位：牦牛、绵羊、山羊、黄牛、水牛。小肠。

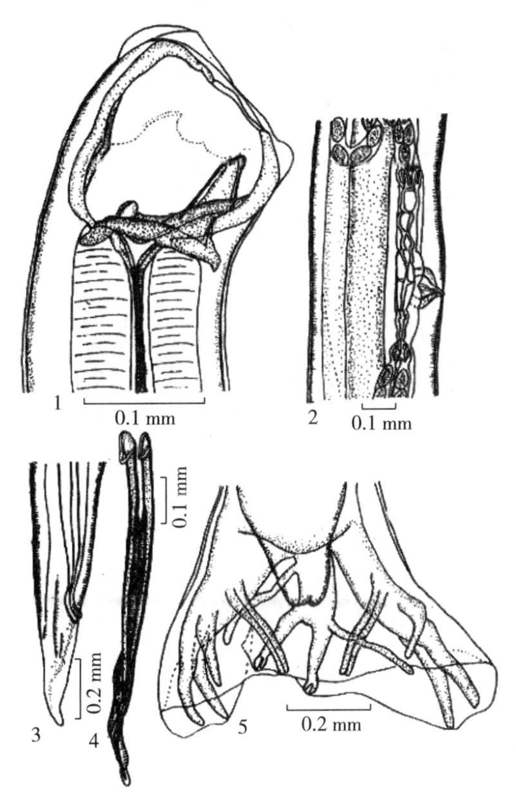

图 69　羊仰口线虫（*Bunostomum trigonocephalum*）

1. 头部侧面观　2. 雌虫阴门区侧面观　3. 雌虫尾部侧面观　4. 交合刺　5. 交合伞

毛圆科　Trichostrongylidae Leiper，1912

中、小型线虫。虫体细长，口腔小。雄虫交合伞发达，少数不对称，大部分具大的侧叶，背叶不发达或无。交合刺 2 根。雌虫生殖器官为双管形。阴门大多数位于虫体后半部。

毛圆属　*Trichostrongylus* Looss，1905

小型线虫。毛发状。口腔极不明显，无颈乳突。排泄孔于体前部三角形缺陷内。雄虫交合伞侧叶大，背叶小而不明显，2 个腹肋从一主干发出，腹腹肋较侧腹肋细小。3 个侧肋从同一主干发出，外背肋从背肋基部发出，背肋远端分支，每支再分小支。交合刺粗短，近端有纽扣状结构，远端几乎都有凸起，形成倒钩。有的呈螺旋状捻转。有引带。雌虫阴门开口于虫体后半部。

70. 艾氏毛圆线虫　*Trichostrongylus axei*（Cobbold，1879）Railliet et Henry，1909

形态结构：无头泡和颈乳突，口腔不明显。雄虫体长为 3.38～4.25 mm、宽为 0.05～0.07 mm。食道长为 0.67～0.73 mm。交合伞背肋细长，远端分为 2 支，每支末端分叉。交合刺 1 对，不等长，左交合刺长为 0.11～0.13 mm；右交合刺长为 0.09～0.11 mm，远端有 1 个三角形凸起。引带前部小，后部大，长为 0.05～0.06 mm。雌虫体长为 4.61～5.58 mm、宽为 0.05～0.08 mm。食道长为 0.71～0.72 mm。尾部长为 0.06～0.09 mm。排卵器长为 0.27～0.31 mm。阴门距尾端 0.79～1.07 mm。虫卵大小为（71.00～92.00）μm×（36.00～42.00）μm（图 70）。

宿主与寄生部位：牦牛、绵羊、山羊、黄牛、牛、马、驴。小肠、皱胃。

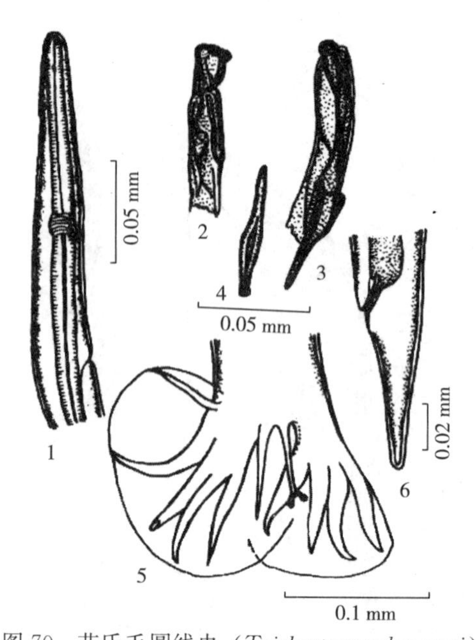

图 70　艾氏毛圆线虫（*Trichostrongylus axei*）

1. 成虫前部　2. 右交合刺　3. 左交合刺　4. 引带　5. 交合伞　6. 雌虫尾部侧面观

71. 蛇形毛圆线虫　*Trichostrongylus colubriformis*（Giles，1892）Looss，1905

形态结构：虫体细小，淡黄色，体表具细小横纹。无头泡和颈乳突，口腔极不明显。排泄孔显著，位于虫体前端三角形缺口内。雄虫体长为 5.25～7.97 mm、最大宽度为 0.08～0.14 mm。交合伞侧叶大，背叶不明显。腹腹肋细而短，发自侧腹肋基部，侧腹肋较粗而长，靠近前侧肋，远端弯向腹前方。3 个侧肋中以前侧肋最宽。外背肋由背肋基部发出，基部粗，中部之后显著变细，并向内弯曲。背肋对称，粗短，其中部向两侧各分出外短内长的 2 支，内支末端又分为 2 小支。交合刺 1 对，棕黄色，两交合刺形状和长短相近，长为 0.12～0.19 mm，略扭转，其近端顶部有纽扣状的结构，远端 1/5～1/4 处有长三角形的倒钩。引带棕黄色，正面呈梭形，侧面似拉长的“S”形，长为 0.07～0.10 mm、最大宽度为 0.01～0.03 mm。雌虫体长为 5.14～10.20 mm、最大宽度为 0.09～0.13 mm。阴门开口距尾端 1.18～1.84 mm。排卵器（含括约肌）长为 0.40～0.67 mm。肛门距尾端 0.06～0.12 mm。在肛门之后急剧缩小而形成尖细的尾端。虫卵大小为（69.00～98.00）μm×（34.00～55.00）μm（图 71）。

宿主与寄生部位：牦牛、绵羊、山羊、黄牛、牛、驴、骆驼、兔、猪。皱胃、小肠、胰。

72. 东方毛圆线虫　*Trichostrongylus orientalis* Jimbo，1914

形态结构：成虫纤细、白色透明，不具口腔。食道圆柱形，长度为体长的 1/7～1/6。雄虫体长为 3.80～5.20 mm、最大宽为 0.07～0.09 mm。食道长为 0.73～0.77 mm。排泄孔距头端 0.15～0.18 mm。尾端有双瓣状交合伞。背肋于末端分两短支，每支末端又分两小支；外背肋发起于基部。前腹肋、后侧肋细小；后腹肋和前中侧肋均粗大。交合刺近于等长，长为 0.13～0.14 mm、宽为 0.017～0.021 mm，其末端呈斜扣状。引带长为 0.07～0.09 mm、最大宽为 0.02 mm。雌虫体长为 4.90～6.70 mm、最大宽为 0.08～0.10 mm。食道长为 0.73～0.86 mm。排泄孔距头端 0.14～0.17 mm。阴门距尾端 0.84～1.47 mm，位于排

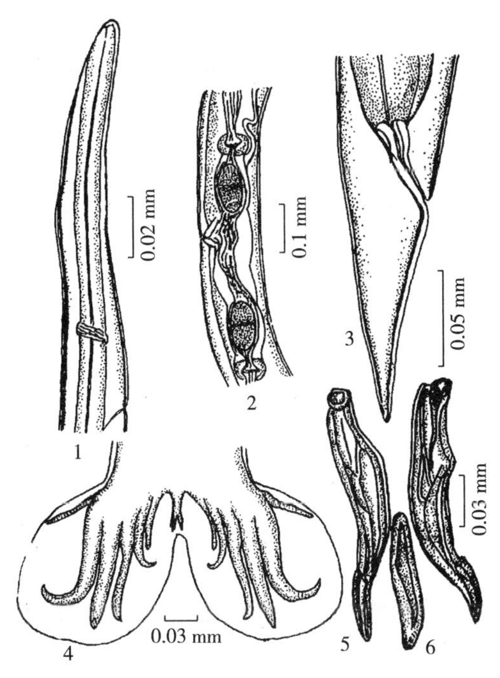

图 71　蛇形毛圆线虫（*Trichostrongylus colubriformis*）

1. 成虫前部侧面观　2. 雌虫阴门部分侧面观　3. 雌虫尾端　4. 交合伞　5. 交合刺　6. 引带

卵器的后半部。排卵器长为 0.28～0.34 mm。尾部呈圆锥形。肛门距尾端 0.07～0.10 mm。子宫前后 2 套，内含 5～16 个虫卵。虫卵椭圆形，大小为（75.00～92.00）μm×（38.00～47.00）μm，卵壳透明无色，内含囊胚期幼虫（图 72）。

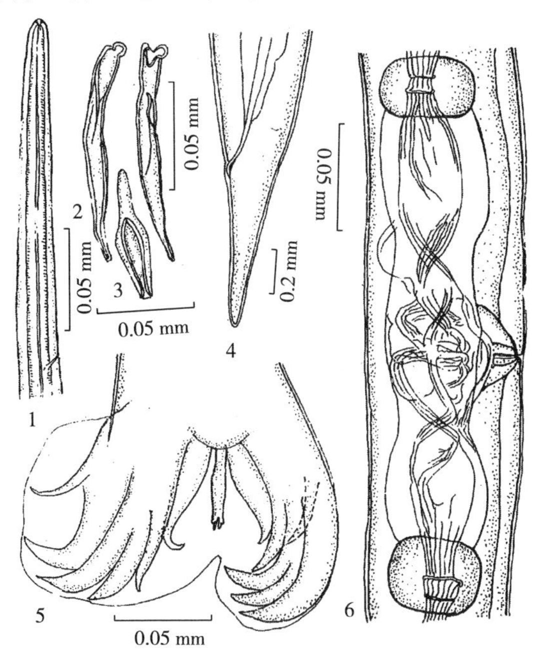

图 72　东方毛圆线虫（*Trichostrongylus orientalis*）

1. 成虫前部侧面观　2. 交合刺　3. 引带　4. 雌虫尾部侧面观　5. 交合伞　6. 雌虫阴门部分侧面观

宿主与寄生部位：牦牛、牛、绵羊、骆驼。小肠、皱胃。

73. 青海毛圆线虫 ***Trichostrongylus qinghaiensis*** **Liang et al.，1987**

形态结构：虫体呈白黄色，头端尖细。角皮上有细致的横纹，无颈乳突，无头泡。口孔周围有 3 片唇，口腔不明显。食道长为 0.67～0.86 mm。排泄孔距头端 0.14～0.18 mm。神经环距头端 0.12～0.15 mm。雄虫体长为 3.30～5.50 mm、交合伞前体宽为 0.10～0.13 mm。交合伞发达，2 侧叶特大，背叶不明显。腹腹肋呈小指状，侧腹肋最粗壮，其远端稍弯向虫体前方。3 支侧肋相互平行伸向伞缘，中侧肋最长，终止于交合伞的边缘，后侧肋较前侧肋和中侧肋细而短。背肋和外背肋自基部起明显分开，背肋的形状是中 1/3 部稍粗宽，上下两个 1/3 部稍狭细，约在其远端 1/6 或 1/7 处分成 2 个较平行的分支，每个分支又在其远端各分为 2 个小叉。外背肋的近端粗宽，远端突然变细并弯向背肋。2 根交合刺强角质化，形状相同，左交合刺长为 0.14～0.16 mm，右交合刺长为 0.13～0.15 mm。交合刺上半部粗宽，下半部较窄细，最大宽度是最窄宽度的 2.73 倍。交合刺侧面观远端有 2 个很小的倒钩，上倒钩的上缘距交合刺末端平均为 0.02 mm，下倒钩的上缘距交合刺的末端平均为 0.01 mm。引带正面观具有长头锥，形似肝片吸虫，长为 0.07～0.08 mm、宽为 0.02～0.023 mm。雌虫体长为 5.80～7.50 mm、阴门部体宽为 0.11 mm。排卵器（包括括约肌）长为 0.38～0.56 mm。阴门裂缝状，其上无唇状构造，位于虫体后 1/4 段的前端处。肛门距尾端 0.08～0.12 mm。尾端锥形。虫卵大小为（78.00～96.00）μm×（34.00～44.00）μm（图 73）。

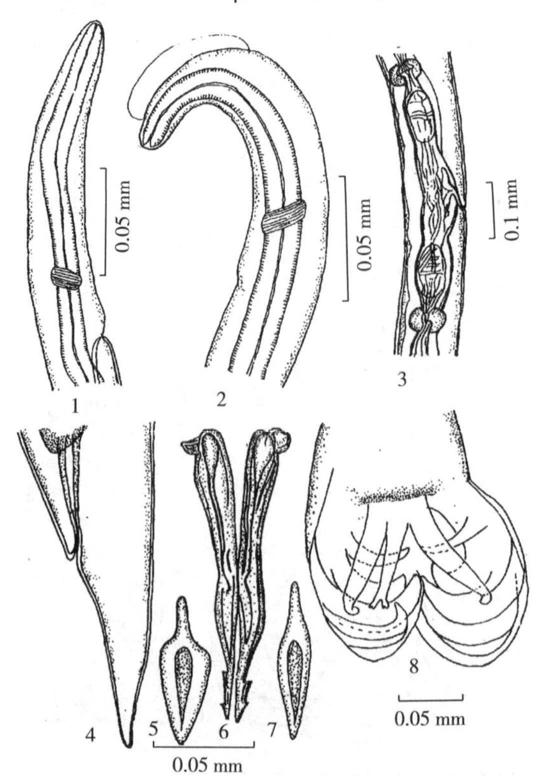

图 73　青海毛圆线虫（*Trichostrongylus qinghaiensis*）

1、2. 成虫前部侧面观　3. 雌虫阴门部分侧面观　4. 雌虫尾部　5、7. 引带　6. 交合刺　8. 交合伞

宿主与寄生部位：牦牛、绵羊。皱胃、小肠。

古柏属 *Cooperia* Ransom，1907

虫体细小，头端角质扩大，形成对称的头泡。口腔小，无齿，体表角皮具细小横纹，颈乳突小。雄虫交合伞发达，由 2 个大的侧叶和 1 个小的背叶组成。腹腹肋显著小于侧腹肋，前侧肋大于中、后侧肋，外背肋细长，背肋外侧分支较大。交合刺 1 对，短而粗，常具齿状边缘，无引带。雌虫阴门位于体后 1/4 处。

74. 野牛古柏线虫 *Cooperia bisonis* Cran，1925

形态结构：虫体线状，乳白色，有头泡。体部有 14～16 条纵纹。雄虫体长为 7.20～7.70 mm、最大宽度为 0.18～0.19 mm。背肋长为 0.25～0.26 mm，在距基部 0.15～0.16 mm处分为等长的 2 支，每支在其近端发出 1 小侧支。交合刺 1 对，等长，直而微捻转，无凸起和栉状横纹，远端逐渐变细，末段尖而有倒钩，长为 0.22～0.24 mm、宽约为 0.02 mm。雌虫体长为 8.00～9.50 mm、最大宽度为 0.16～0.26 mm。阴门距离尾端 1.90～2.40 mm。排卵器长为 0.53～0.75 mm，阴门盖呈舌状。肛门距离尾端 0.17～0.19 mm，尾部直，呈圆锥形。虫卵大小为（91.00～99.00）μm×（41.00～49.00）μm（图 74）。

宿主与寄生部位：牦牛、黄牛、骆驼、绵羊。小肠。

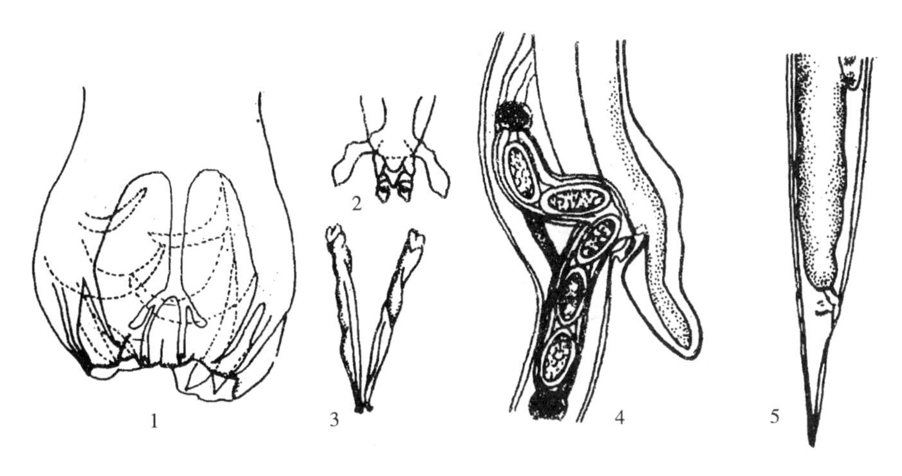

图 74 野牛古柏线虫（*Cooperia bisonis*）
1. 交合伞 2. 生殖锥 3. 交合刺 4. 雌虫阴门部分 5. 雌虫尾部
（仿 Cram，1925）

75. 和田古柏线虫 *Cooperia hetianensis* Wu，1966

形态结构：虫体丝状，呈乳白色，有头泡。体表角皮有呈锯齿状的纵脊约 14 条。无颈乳突和伞前乳突。雄虫体长为 7.20～9.30 mm、最大宽度为 0.19～0.23 mm。食道长为 0.34～0.45 mm。神经环距头端 0.14～0.16 mm。交合伞发达，由 2 个宽大的侧叶和 1 个狭长而中部有缺痕的背叶组成。腹腹肋小，侧腹肋大，二者均弯向腹面。前侧肋和中侧肋大小几乎相等，二者并行，其末端突然变细而稍分开，后侧肋细长，远端和其他侧肋分开。外背肋由背肋主干发出，较小，约与后侧肋等粗，伸达伞的边缘。背肋在距基部 0.15～0.18 mm 处分为长 0.09～0.10 mm 的 2 支，并向两侧伸出一侧支，长约 0.05 mm。交合刺 1 对，黄褐色，大小相等，形状一致，长为 0.24～0.30 mm、最大宽度为 0.04～0.05 mm。交合刺中部腹面有一椭圆形隆起，其上有 6～12 条弯曲横纹。交合刺近端稍下方周围有透明的膜，延伸到交合刺末端的上方。生殖锥明显，构造复杂，由略呈“V”形而大小几乎相等的背片和腹片组成。雌虫体长为 8.80～10.50 mm、最大宽度为 0.18～0.28 mm。食道长为 0.34～0.45 mm。神经环距头端 0.15～0.19 mm。阴门显著，附近角皮膨大。阴门距尾端 2.10～2.40 mm。排卵器（包括括约肌）长为 0.45～0.60 mm。肛门距尾端 0.18～0.22 mm。虫卵大小为（90.00～117.00）μm×（45.00～54.00）μm（图 75）。

宿主与寄生部位：牦牛、黄牛、骆驼。小肠。

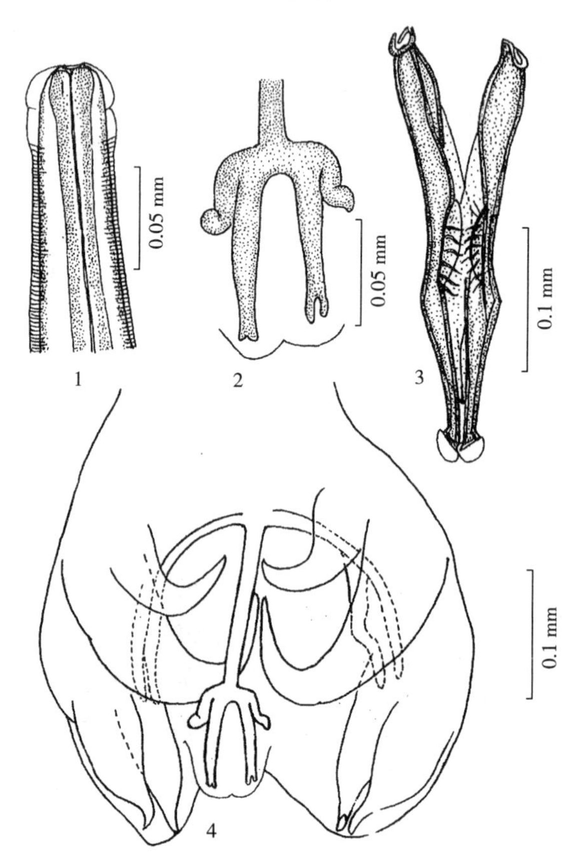

图 75　和田古柏线虫（*Cooperia hetianensis*）

1. 成虫前部　2. 背肋末端　3. 交合刺　4. 交合伞

76. 黑山古柏线虫　*Cooperia hranktahensis* Wu，1965

形态结构：虫体丝状，呈乳白色，具头泡。除头泡后的角皮膨大部分有纤细的横纹外，体表具有明显的纵脊约 14 条。无颈乳突和伞前乳突。雄虫体长为 6.80～8.10mm、最大宽度为 0.17～0.23 mm。食道长为 0.34～0.45 mm。神经环距头端 0.15～0.16 mm。交合伞由 2 个长大的侧叶和 1 个短小的背叶组成。侧腹肋基部较腹腹肋基部粗大近 3 倍，二者均弯向腹面。侧肋中以前侧肋最粗长，是所有肋中最粗长者，中侧肋次之，二者并行，末端变细而稍分开，后侧肋最细。外背肋起自背肋主干的基部，离伞缘较其余各肋均远。背肋达伞缘，距基部 0.03～0.04 mm 处分为左右 2 支，每支的末端各分为外长内短的分叉。交合刺 1 对，黄褐色，等长，形状一样，结构简单，长为 0.23～0.25 mm。在交合刺的中部稍下方距顶端 0.13～0.14 mm 内侧有一小支。无引带。雌虫体长为 8.85～10.43 mm、最大宽度为 0.14～

0.17 mm。食道长为 0.41～0.57 mm。神经环距头端0.16～0.19 mm。阴门稍凸出于体表，无隆起的唇片，距尾端 1.95～2.70 mm。排卵器（包括括约肌）长为 0.34～0.45 mm。肛门距尾端 0.18～0.23 mm。虫卵大小为（90.00～99.00）μm×（40.00～45.00）μm（图 76）。

宿主与寄生部位：牦牛。小肠。

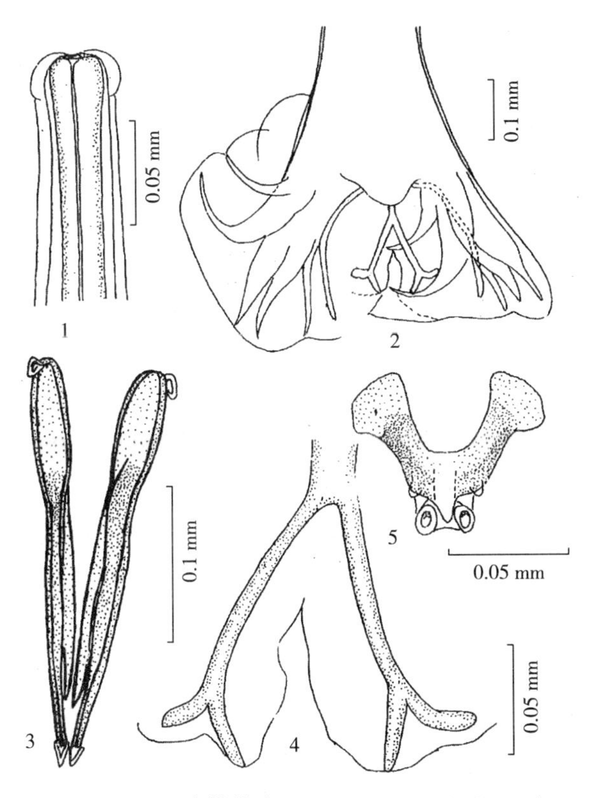

图 76　黑山古柏线虫（*Cooperia hranktahensis*）

1. 成虫前端　2. 交合伞　3. 交合刺　4. 背肋　5. 生殖锥

77. 甘肃古柏线虫　*Cooperia kansuensis* Zhu et Zhang，1962

形态结构：虫体线状，呈淡黄色，体表前端具细小横纹。头部角皮膨大成头泡，其基部以横沟与虫体分开。无颈乳突和伞前乳突。雄虫体长为 8.00～9.50 mm、最大宽度为 0.04～0.05 mm。头泡长约为 0.02 mm、宽为 0.04～0.05 mm。食道圆筒形，后端略膨大，长为 0.40～0.44 mm。交合伞发达，由 2 个大的侧叶和 1 个小的背叶组成。腹腹肋与侧腹肋独立发出，腹腹肋小于侧腹肋。3 支侧肋中，前侧肋最粗，中侧肋次之，后侧肋最细，中侧肋与后侧肋的距离大。外背肋从背肋主干的基部单独发出。背肋于近端 0.04 mm处分成 2 支，每支的远端分成 2 小叉，中央处各分出 1 个小侧支，此小侧支的长度相当于背肋分支长度的 1/3，并向腹面卷曲成一圆球状或棍棒状。各肋均不达伞缘。交合刺 1 对，棕色等长，形状相似，长为 0.20～0.27 mm、宽约为 0.02 mm。在交合刺远端约 1/3 处分出细而短的内支，与外支紧紧相依，内支长为 0.06 mm，其远端尖细；外支远端尖细，其周围具有透明的膜。无引带。在交合伞的腹面有生殖锥，其构造具有独特的形状。雌虫未发现（图 77）。

宿主与寄生部位：牦牛、黄牛、羊、骆驼。小肠。

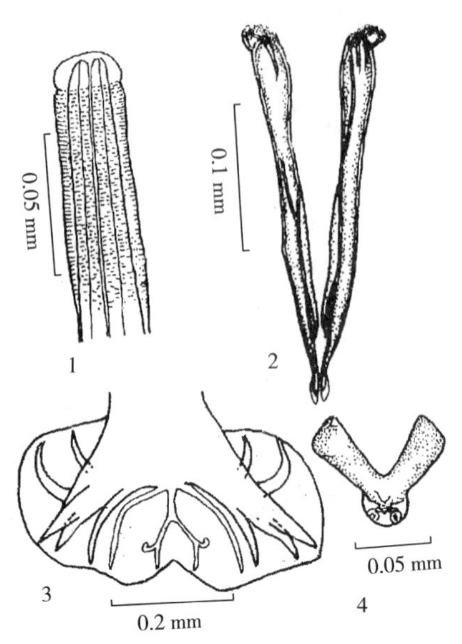

图 77 甘肃古柏线虫（*Cooperia kansuensis*）

1. 成虫前端 2. 交合刺 3. 交合伞 4. 生殖锥

（仿朱学敬，1962）

78. 兰州古柏线虫 *Cooperia lanchowensis* Shen，Tung et Chow，1964

形态结构：体表有横纹，头端角皮膨大似口袋套于虫体头端。雄虫体长为 7.52～8.36 mm、宽为 0.12～0.24 mm。背肋长为 0.17～0.27 mm，在其中部处分为 2 支，每支外侧又分出一指状小支。交合刺 1 对，等长，大小为（0.22～0.30）mm×0.03 mm，在中部的外侧有栉状横纹，在约 1/2 处分为 2 支，外支粗大；内支细小，长为 0.11～0.13 mm。雌虫体长为 8.08～11.32 mm、宽为 0.13～0.15 mm。阴门距尾端 1.17～2.95 mm，其上有 2 个凸起的唇片。阴门处虫体呈 90°弯曲。肛门距尾端 0.16～0.17 mm。尾部稍向背面弯曲，末端环纹明显。虫卵大小为（69.00～81.00）μm×（31.00～40.00）μm（图 78）。

宿主与寄生部位：牦牛、黄牛、羊、骆驼。小肠。

79. 等侧古柏线虫 *Cooperia laterouniformis* Chen，1937

形态结构：虫体丝状，呈淡黄色，头端角皮膨大呈泡状，其基部以一横沟与身体分开。食道后部稍有一些扩大，长为 0.28～0.36 mm。神经环位于食道后端 1/3 处。无颈乳突和伞前乳突。雄虫体长为 4.94～7.32 mm。腹腹肋和侧腹肋平行，各起于自己的基部。3 支侧肋由共同的主干发出，均较粗大，大小几乎相等。后侧肋自主干分出后，大约走至中段便背向前、中两肋，呈将近 90°弯曲。外背肋最细小。背肋长为 0.11 mm，在中部分为左右 2 支，各支末端又分为大小不同的 2 小叉；在其中部的分支水平线上，还向左右两侧分出 2 个较粗大的侧支，其末端卷曲成一独特的形状。交合刺 1 对，等长，长为0.14～0.17 mm，最大宽度为 0.02～0.03 mm，中部稍扭曲。生殖锥大、锚形，由背腹 2 唇片组成，腹唇的两外侧各有一向外弯曲的棒状凸起，其后缘的中部延伸而成一显著的长尖形凸起，两侧各有 1 个细长的附属物，末端呈螺旋形盘绕于后缘中部凸起的两侧；背唇的大小与腹唇相同，但没有两侧的突起和附属物。雌虫体长为 5.76～7.42 rnm、最大宽度为0.07～0.10 mm。阴门纵裂缝，距尾端 1.12～1.72 mm。排卵器长为 0.30 mm。尾端尖细，稍向腹面弯。肛门距尾端0.13～0.17 mm。虫卵大小为 73.00 μm×30.00 μm（图 79）。

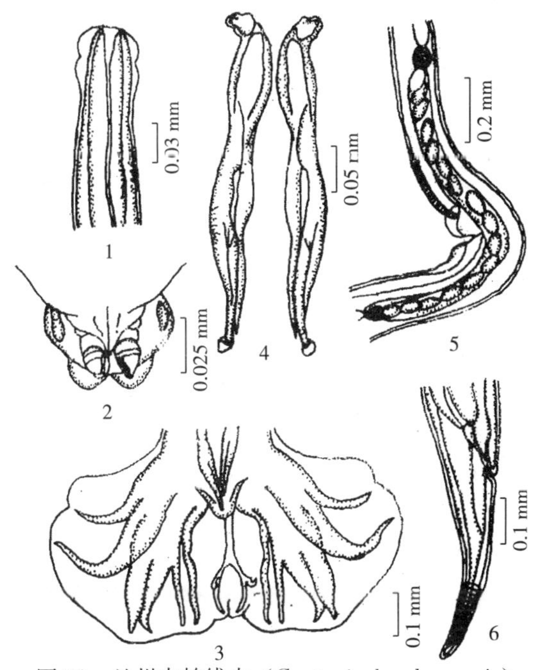

图 78 兰州古柏线虫（*Cooperia lanchowensis*）

1. 成虫前端 2. 生殖锥 3. 交合伞 4. 交合刺 5. 雌虫阴门部分 6. 雌虫尾部侧面观

（仿周彩琼，1979）

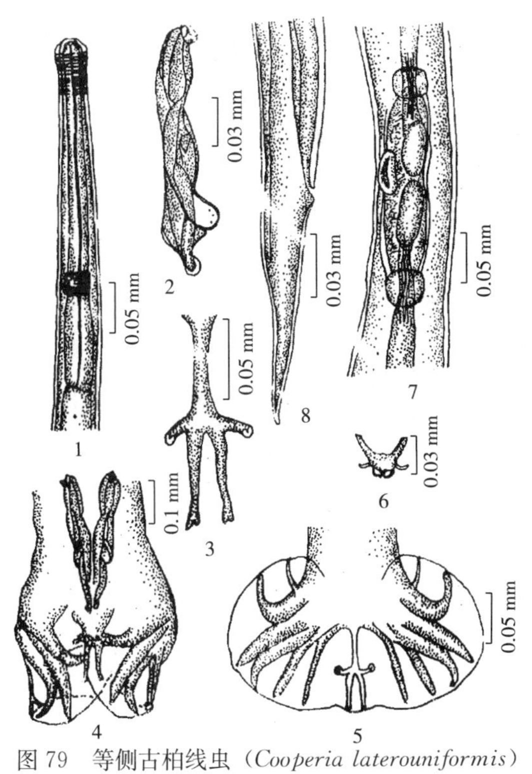

图 79 等侧古柏线虫（*Cooperia laterouniformis*）

1. 成虫前部 2. 交合刺 3. 背肋 4、5. 交合伞 6. 生殖锥 7. 雌虫阴门部分 8. 雌虫尾部

（仿周彩琼，1979）

宿主与寄生部位：牦牛、黄牛、牛、羊。小肠。

80. 肿孔古柏线虫 ***Cooperia oncophora*** **(Railliet, 1898) Ransom, 1907**

形态结构：虫体线状，前端有头泡。神经环位于食道中部。雄虫体长为 6.00～9.50 mm、最大宽度为 0.17～0.22 mm。食道长为 0.17～0.22 mm。交合伞发达，由 2 个大的侧叶和 1 个小的背叶组成。腹腹肋小，侧腹肋大，均向腹面卷曲。3 支侧肋起于同一主干，前侧肋和中侧肋大小相似，且并行并列，仅在远端中侧肋稍向背面弯曲，后侧肋细。外背肋细长，起自背肋主干的基部，背肋长为 0.21～0.36 mm，约于其长 1/2 处分出 2 个分支，其形状如倒“V”形，并于靠近分支中部又各分出 1 个小侧支。交合刺 1 对，淡黄色，等长，形状相似，长为 0.24～0.30 mm、宽为 0.01～0.03 mm。2 根交合刺远端有半圆形透明的角质构造。无引带。生殖锥位于背肋基部的腹面。雌虫体长为 9.00～11.00 mm、阴门处宽为 0.19～0.24 mm。食道长为 0.42～0.48 mm。阴门部的虫体呈急剧的弯曲。阴门横缝状，位于虫体后半部，距尾端为 2.99～3.25 mm。排卵器（包括括约肌）长为 0.50～0.71 mm。肛门距尾端 0.15～0.21 mm。尾端具有横纹，由横纹处开始虫体的直径突然变细，尾部尖细。虫卵大小为（66.00～94.00）μm×（30.00～41.00）μm（图 80）。

宿主与寄生部位：牦牛、绵羊、羊、黄牛。皱胃、小肠。

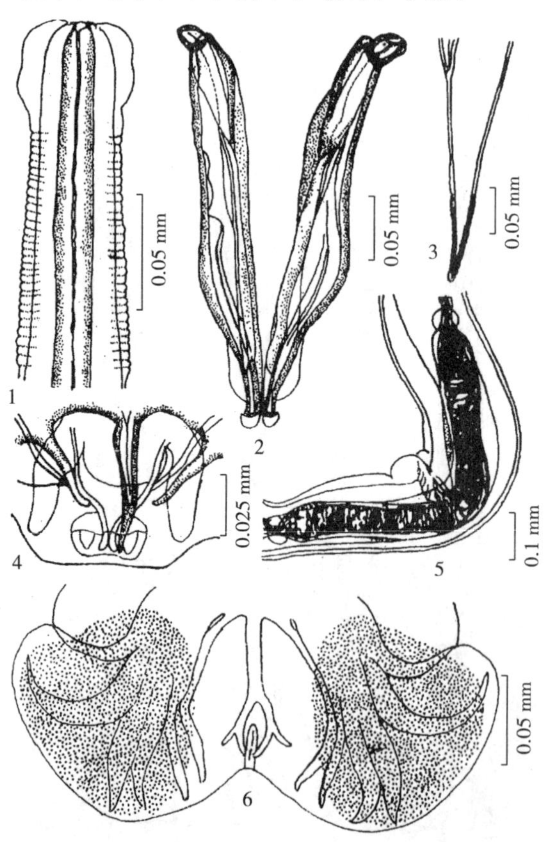

图 80　肿孔古柏线虫（*Cooperia oncophora*）

1. 成虫头部　2. 交合刺　3. 雌虫尾部　4. 生殖锥　5. 雌虫阴门部分　6. 交合伞

（仿 Orloff，1934）

81. 栉状古柏线虫　*Cooperia pectinata* Ransom，1907

形态结构：雄虫体长为 5.42～7.35 mm、宽为 0.14～0.16 mm。外背肋从背肋基部分出，背肋在中部分为 2 支，约在每支的中部又分出一较短的侧支，背肋长为 0.14～0.22 mm。交合刺 1 对，等长，呈褐色，大小为（0.26～0.28）mm×（0.03～0.04）mm，中部粗大，远端较尖细，上有环纹，并向腹面扭曲隆起。生殖锥结构简单。雌虫体长为 7.72～9.03 mm、宽为 0.12～0.16 mm。阴门有覆盖的角质唇片，距尾端 2.49～2.76 mm。排卵器长为 0.26～0.59 mm。肛门距尾端 0.18～0.19 mm。虫卵大小为（62.00～69.00）μm×（32.00～35.00）μm（图 81）。

宿主与寄生部位：牦牛、黄牛、水牛、绵羊、羊、骆驼。皱胃、小肠、胰。

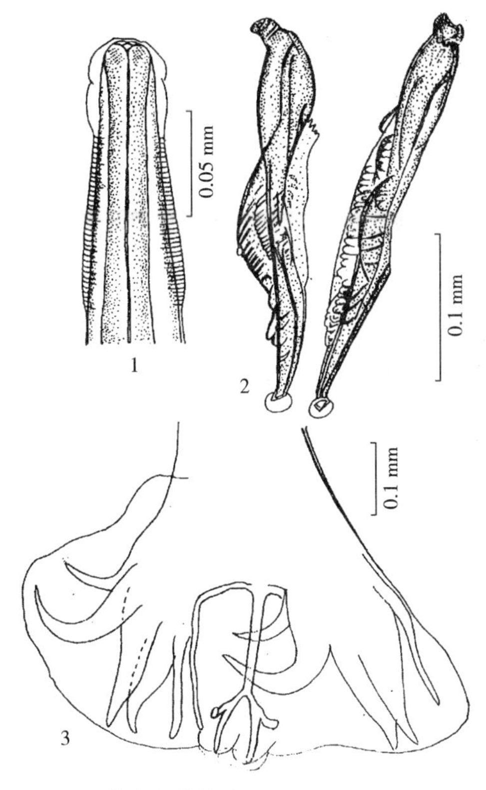

图 81　栉状古柏线虫（*Cooperia pectinata*）

1. 成虫前部　2. 交合刺　3. 交合伞

82. 天祝古柏线虫　*Cooperia tianzhuensis* Zhu，Zhao et Liu，1987

形态结构：虫体丝状，呈乳白色，口腔小，无颈乳突和伞前乳突。头部角质层扩大形成对称的头泡。体部具有 10～16 条纵纹。无引带。雄虫体长为 8.00～9.80 mm、最大宽度为0.20～0.42 mm。交合伞发达，背肋于中部稍后分为 2 支，于分支近端或不远处各分出一指状侧支，延伸支的末端分叉，背肋长为 0.22～0.33 mm，在距基部 0.12～0.22 mm处分为左右 2 支，分支长为 0.08～0.11 mm。交合刺 1 对，短而粗壮，褐色，等长，形状相似，交合刺长为 0.25～0.30 mm、宽为 0.04～0.05 mm；在距始端 0.12～0.14 mm 处分为 2 支，外支粗大，在其上 1/3 处有许多明显的“V”状横纹；内支较细，长为 0.12～0.13 mm，紧贴于外支的腹面，在末端稍有分离，约在其中部也有“V”状条纹。生殖锥结构比较简单。雌虫体长为10.00～12.42 mm、最大宽度为0.13～0.24 mm。阴门距尾端2.32～3.53 mm。排卵器（含括约肌）长为0.32～0.46 mm。肛门距离尾端0.18～0.29 mm（图82）。

宿主与寄生部位：牦牛。小肠。

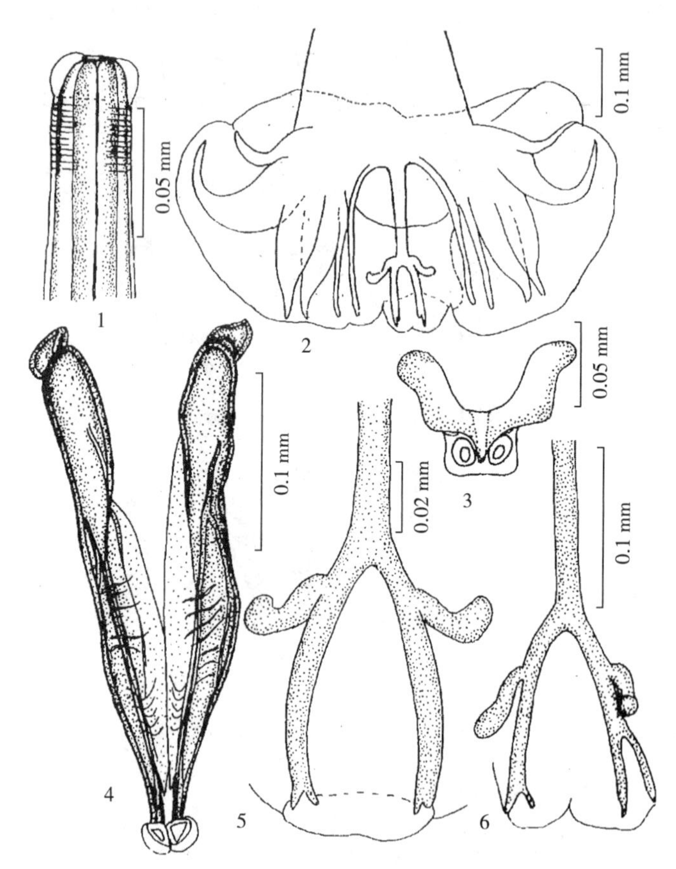

图82　天祝古柏线虫（*Cooperia tianzhuensis*）

1. 成虫前部　2. 交合伞　3. 生殖锥　4. 交合刺　5. 背肋　6. 背肋畸形

83. 珠纳古柏线虫　*Cooperia zurnabada* Antipin，1931

形态结构：虫体丝状，呈淡棕色。体表除细小的横纹外，尚有12～22条纵纹，纹间相距9.90～13.20 μm。头部角皮膨大成泡状，上有明显的横纹。有头泡。颈乳突不明显。食道长为0.40～0.55 mm。神经环距头端0.15～0.24 mm。排泄孔距头端0.25～0.26 mm。雄虫体长为7.45～12.39 mm、最大宽度为0.24～0.30 mm。交合伞发达，由2个大的侧叶和1个小的背叶组成。无伞前乳突。3支侧肋起于同一主干，大小几乎相等。外背肋由背肋主干基部伸出，是全部肋中最细长的一支。背肋从基部发出后在距基部0.04 mm处即分为左右两弧形的分支，每一分支又在其中部的外侧分出一小支，在内支的远端又分为2个小叉。交合刺1对，浅棕色，等长，形状相似，长为0.22～0.23 mm、最大宽度约为0.02 mm，距近端约0.13 mm处，分出1个长为0.06～0.07 mm末端尖的内支和1个长为0.08～0.10 mm的外支，末端被纽扣形透明角质膜包围。无引带。雌虫体长为7.45～12.39 mm、最大宽度为0.20～0.27 mm。阴门横缝状，具有明显而弯曲的阴唇，距尾端 1.33～2.99 mm。排卵器（包括括约肌）长为 0.32～0.58 mm。肛门以后尾部逐渐变尖，长为0.20～0.25 mm。肛门距离尾端 0.17～0.21 mm。虫卵大小为（76.00～99.00）μm×（33.20～49.00）μm（图 83）。

宿主与寄生部位：牦牛、黄牛、骆驼。皱胃、小肠。

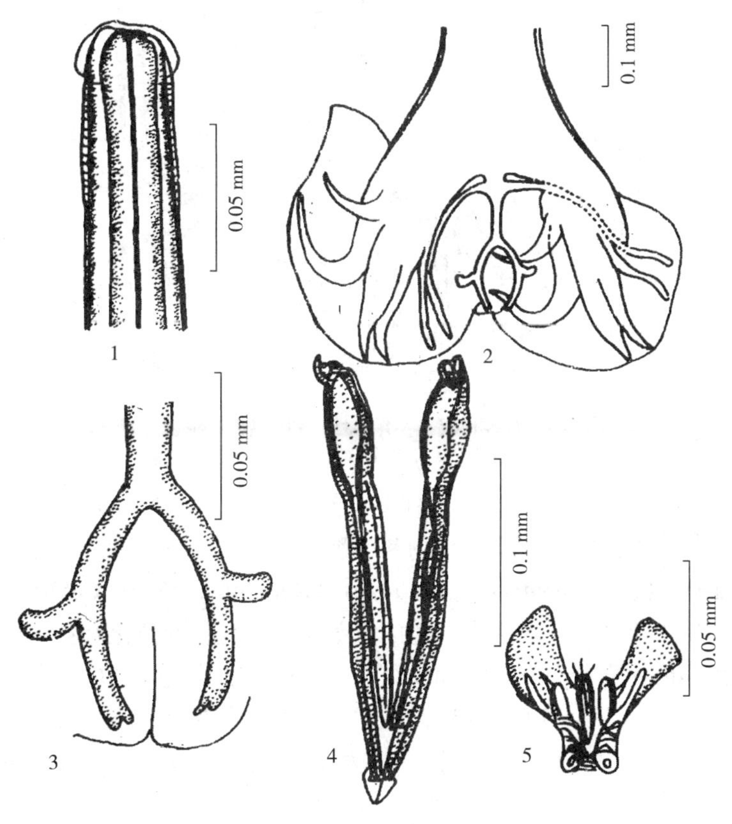

图 83 珠纳古柏线虫（*Cooperia zurnabada*）

1. 成虫前端 2. 交合伞 3. 背肋分支 4. 交合刺 5. 生殖锥

84. 古柏线虫未定种 *Cooperia* sp.

形态结构：雄虫，体长为 8.36 mm，体宽，食道末端处为 0.08 mm，体中部为 0.13mm，交合伞前部分长 6.30 mm。头囊呈安全帽状。无颈乳突和伞前乳突，缺引带。交合伞发达，后侧肋细长，外背肋起自背肋主干基部。背肋长为 0.21 mm，约在后 1/3 稍前方分为末端不分叉的 2 支，每支在分支水平发出 1 小侧支。交合伞的背叶在背肋分支间有一裂缝。生殖锥形态与天祝古柏线虫的相似。本种的明显特征在于 2 根交合刺不等长，左交合刺长为 0.22 mm，右交合刺长为 0.27mm，最大宽度为 0.04 mm，交合刺中部有少数栉状横纹，于中部稍上方分为 2 支，外支末端呈斜切状，内支末端尖细。内支下方有“V”状条纹(图 84)。

宿主与寄生部位：牦牛。小肠。

检出地点：青海省海北藏族自治州托勒牧场和泽库县。

▶ **血矛属** *Haemonchus* Cobbold, 1898

口囊小，背部有一矛形齿。颈乳突粗壮。雄虫交合伞侧叶大，背叶不对称。腹腹肋仅

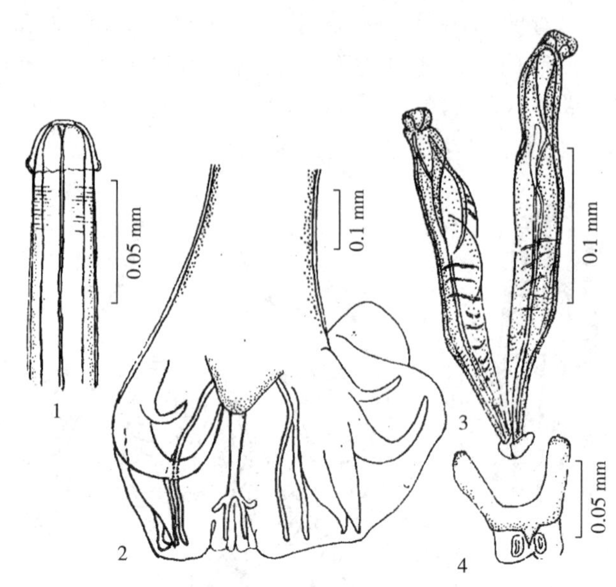

图 84　古柏线虫未定种（*Cooperia* sp.）

1. 成虫前端　2. 交合伞　3. 交合刺　4. 生殖锥

远端分离，前侧肋与中、后侧肋分开，外背肋细长，背肋分 4 小支。交合刺粗壮，有引带。雌虫阴门在体后部。寄生于反刍动物和啮齿动物。

85. 捻转血矛线虫　*Haemonchus contortus*（Rudolphi，1803）Cobbold，1898

形态结构：雄虫淡红色，雌虫由白色的生殖器官和红色的消化管互相捻转而形成红白相间的外观。虫体的体表分布有纵纹和横纹，具有退化的口囊，其内有一角质的口矛，在口矛前中部的腹面上有 1 个背食道腺管的开口。食道呈管状。雄虫体大小为（15.14～19.72）mm×（0.24～0.29）mm。食道长为 1.27～1.53 mm。排泄孔距头端 0.30～0.38 mm。颈乳突距头端 0.40～0.48 mm。交合伞由 2 个对称的侧叶和 1 个不对称的小背叶组成。腹腹肋较侧腹肋短小，两肋均达伞缘。侧肋起于共同主干，前侧肋和中侧肋又有共同的支干，前侧肋直伸达伞缘，远端与中侧肋相距较远，中后两侧肋大小相近，远端相靠很紧，并向背侧弯曲。腹腹肋和前侧肋在各肋中最粗壮。背肋“人”字形，末端稍弯曲，与其他各肋不相连。交合刺 1 对，棕色，等长，长为 0.41～0.48 mm、宽为 0.04mm，其近端较宽，远端窄小，末端膨大成一小结。在每个交合刺的窄部上，各具有 1 个鱼钩状倒刺，其位置不在同一水平面上。左交合刺钩距远端 0.02～0.03 mm，右交合刺钩距远端 0.04～0.05 mm。引带棕色，梭状，长为0.22～0.32 mm、宽约为 0.04 mm。雌虫体大小为（22.90～27.92）mm×（0.43～0.56）mm。食道长为 1.29～1.72 mm。排泄孔距前端 0.32～0.37 mm。颈乳突距前端0.38～0.48 mm。阴门上有增厚的突出物，其形状有 4 种：亚球形、舌形、混合形（兼有亚球形和舌形）和光滑形（缺突出物）。排卵器较发达。阴道长为 0.12～0.14 mm、宽为 0.06 mm。肛门后尾部渐细，末端略呈圆锥体状。尾部有 2 个侧乳突，距尾端 0.11～0.20 mm。尾长为 0.43～0.68 mm。卵椭圆形，大小为（70.00～80.00）μm×（39.00～53.00）μm。卵壳薄而透明，刚排出的虫卵多在桑葚期（图 85）。

宿主与寄生部位：牦牛、黄牛、水牛、绵羊、山羊、猪、骆驼。皱胃、小肠。

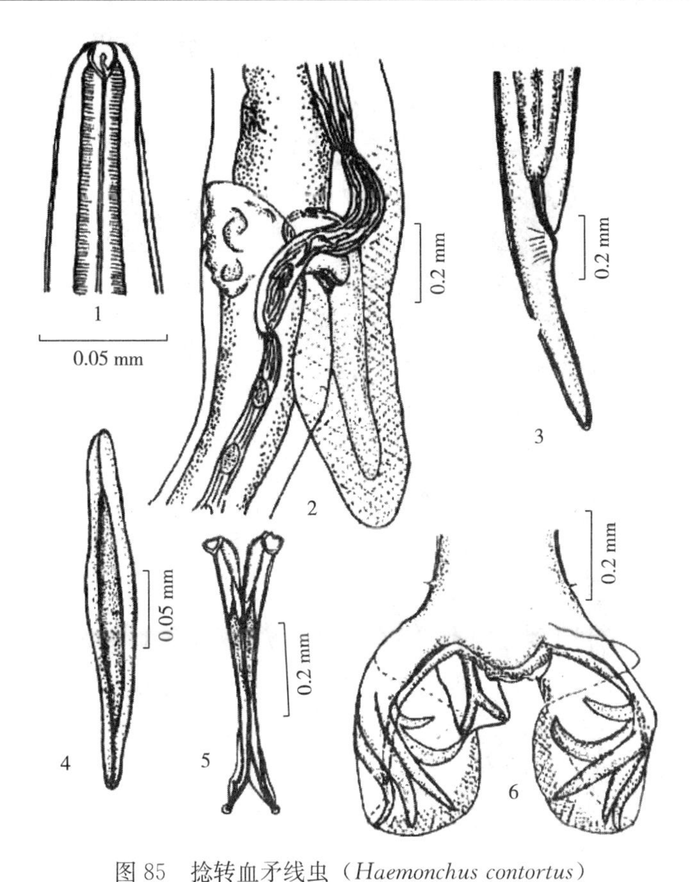

图 85 捻转血矛线虫（*Haemonchus contortus*）

1. 成虫前部 2. 雌虫阴门部分侧面观 3. 雌虫尾端侧面观 4. 引带 5. 交合刺 6. 交合伞

长刺属 *Mecistocirrus* Railliet et Henry，1912

为毛圆科中较大的线虫。有口囊，囊内有一大的角质背矛，有颈乳突。雄虫交合伞背叶小，侧叶大，腹腹肋短，与侧腹肋完全分开，侧腹肋与前侧肋粗大，两者仅末端分开，中、后侧肋小，外背肋纤细，与背肋不在同一主干，背肋粗短，远端分为 2 支，各支又有小的分支，交合刺纤细而长，几乎全部连在一起，具伞前乳突，无引带。雌虫阴门近肛门，尾呈锥形。

86. 指形长刺线虫 *Mecistocirrus digitatus*（Linstow，1906）Railliet et Henry，1912

形态结构：虫体呈圆柱形，透过体壁可见充满血的肠管。口囊小，周围有 6 个小乳突，口囊内有 1 个大齿。雄虫体长为 16.20～28.30 mm、宽为 0.23～0.58 mm。交合伞发达，背叶小，外背肋单独分出，背肋粗短，末端分为 2 支，每支内侧有 2～3 个乳头状突起；前腹肋较短，与后腹肋分开，后腹肋与前侧肋粗而长，除末端分开外，其余部分连在一起，中侧肋与后侧肋长度略等。生殖锥呈圆锥形，在基部左右各有一长杆状乳突。交合刺 1 对，等长，长为 3.81～5.81 mm，2 根并列而下，末端止于共同的鞘内。无引带。雌虫体长为 19.80～38.40 mm、宽为 0.38～0.96 mm。排卵器分上、下 2 支，每支分 2 节，排卵器中部与阴道相连。阴门距尾端 0.50～0.55 mm。肛门距尾端 0.15～0.17 mm。虫卵大小为（95.00～122.00）μm×（51.00～60.00）μm（图 86）。

宿主与寄生部位：牦牛、黄牛、水牛、绵羊、山羊、猪。皱胃。

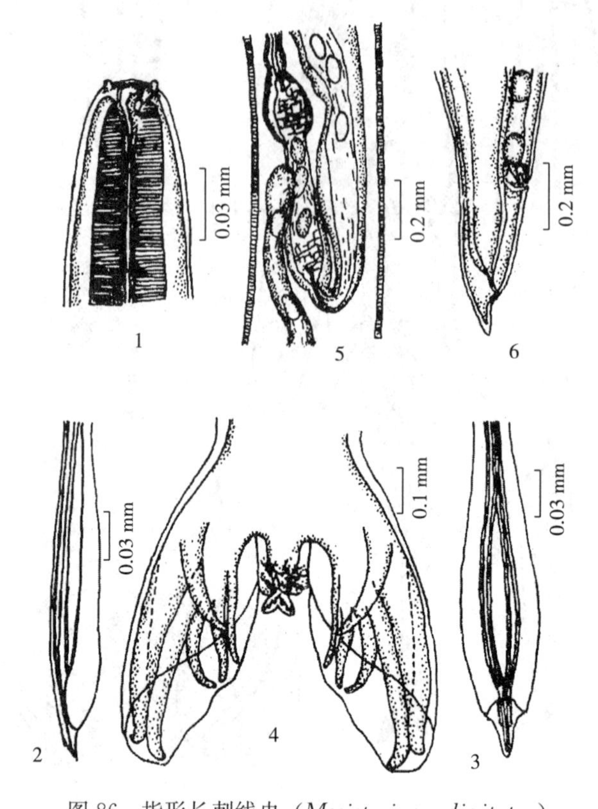

图 86　指形长刺线虫（*Mecistocirrus digitatus*）

1. 成虫头端　2. 交合刺侧面观　3. 交合刺腹面观　4. 交合伞　5. 雌虫排卵部分　6. 雌虫阴门及尾端

（仿中国科学院动物研究所寄生虫研究组，1979）

▶ **细颈属**　*Nematodirus* Ransom，1907

头端角质膨大成头泡，口周围有 6 个乳突，口腔浅，食道出口处有 1 个三角形齿。无颈乳突。雄虫交合伞侧叶大，背叶小。2 腹肋大小相近、平行，3 个侧肋起于同一主干，前侧肋较早与中后肋分开，并弯向腹面，外背肋起于背肋基部，背肋 2 支于末端分为 2～3 个小支，有的种还分出 1 个外侧支。交合刺细长，末端包于膜内，无引带。雌虫阴门位于体后 1/3 或 1/4 处，尾端钝圆，有尾刺。

87. 尖交合刺细颈线虫　*Nematodirus filicollis*（Rudolphi，1802）Ransom，1907

形态结构：虫体头端膨大形成头泡，并具有横纹。体表有 18 条纵纹。口周围有 6 个小乳突，口腔内有一斜切齿。食道长为 0.33～0.45 mm。神经环距头端 0.20～0.27 mm。雄虫体长为 7.51～15.02 mm、宽为 0.10～0.13 mm。交合伞没有明显的背叶，背肋长约为 0.05 mm，背肋 2 支独立分出，每支末端再分为 2 小支。交合刺 1 对，等长，长而粗，末端具有角质膜，侧面观似刀状，长为 1.00～1.12 mm。雌虫体长为 12.10～21.30 mm、宽为 0.17～0.28 mm。阴门呈横缝状，位于虫体后 1/3 处。排卵器长为 0.24～0.45 mm。肛门距尾端 0.06～0.08 mm，尾端有一锥形的小刺。虫卵大小为（139.00～175.00）μm×（77.00～91.00）μm（图 87）。

宿主与寄生部位：牦牛、黄牛、绵羊、山羊、牛、骆驼。皱胃、小肠。

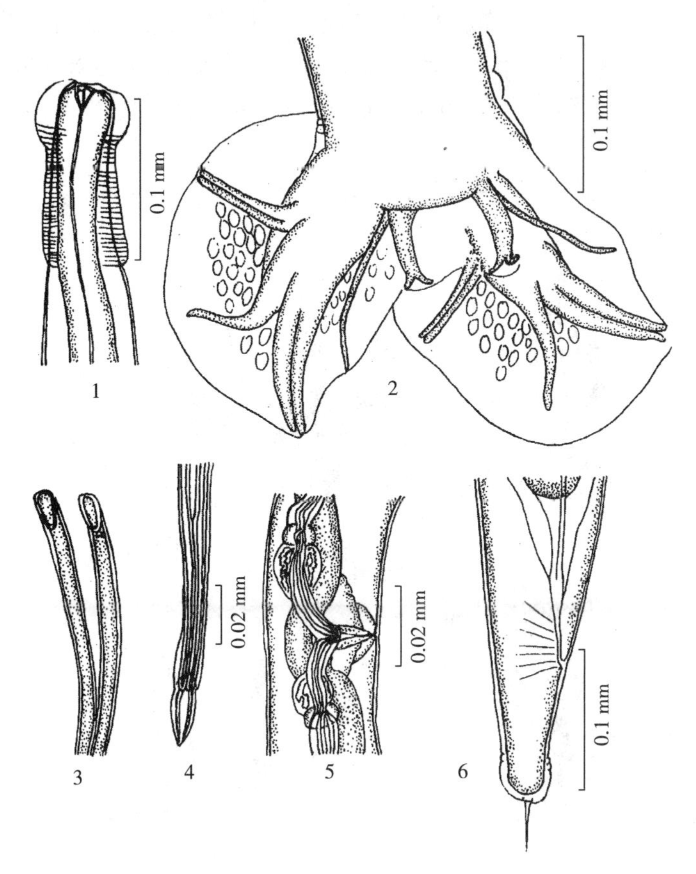

图 87 尖交合刺细颈线虫（*Nematodirus filicollis*）

1. 成虫前端 2. 交合伞 3. 交合刺始端 4. 交合刺末端 5. 雌虫阴门部分 6. 雌虫尾端

88. 奥利春细颈线虫 *Nematodirus oriatianus* Rajewskaja，1929

形态结构：虫体线状，其前端部卷曲呈松弛的螺旋状，其后部粗而直。头部有前宽后窄的头泡，头泡的后部角皮有许多横纹，横纹后的角皮上有 16 条纵线。口孔小，开于前端，周围有 4 个乳突和 2 个头感器。在食道的前端接近口腔处，有 1 个三角形的齿。雄虫体长为 10.00～15.00 mm、最大宽度为 0.10～0.15 mm。头泡长为 0.08～0.13 mm。食道长为 0.36～0.45 mm。交合伞发达，对称。背叶明显，中央有一个大的凹陷。交合伞上散布有圆形或椭圆形的白色角质花纹，此花纹在伞肋的基部较大，依次逐渐变小，在边缘区消失。2 支腹肋细，平行并列，长短近乎相等，几达伞缘，在其基部互相连接，约在其长度的 1/2 处渐渐分离。3 支侧肋起于同一主干。前侧肋弯向虫体前方，与中、后侧肋分离，其末端不达伞缘；中侧肋与后侧肋并列，于远端稍分离，几乎达伞缘。外背肋细长，弯向虫体中线，并达伞缘。背肋粗短，与外背肋起于同一主干，每个背肋的远端，各分 2 小支。交合刺 1 对，等长，管状，并列，黄褐色，长为 0.65～0.88 mm。由背腹面观察，两交合刺的中间有一定距离，在其中 1/3 处开始被黄色的透明膜相连，此膜在交合刺的远端稍宽，形成矛状，矛状膜达到末端。两刺远端分成 2 个细管而形成长环，长环长约为 0.03 mm。雌虫体长为 16.00～20.00 mm、阴门前宽为 0.30～0.36 mm。食道长为 0.40～0.50 mm。阴门位于虫体后 1/3 处，距尾端4.90～6.00 mm，其上有2个隆起的角质唇片，前唇稍向内弯，前端呈鸟嘴状。排卵器（包括括约肌）长为0.44～0.59 mm。尾长为0.09～0.10 mm。虫体末端呈截圆锥形，中央有1根透明的细刺，刺长约为0.02 mm。虫卵椭圆形，大小为（253.00～287.00）μm×（101.00～121.00）μm（图88）。

宿主与寄生部位：牦牛、黄牛、绵羊、山羊、牛、骆驼。小肠。

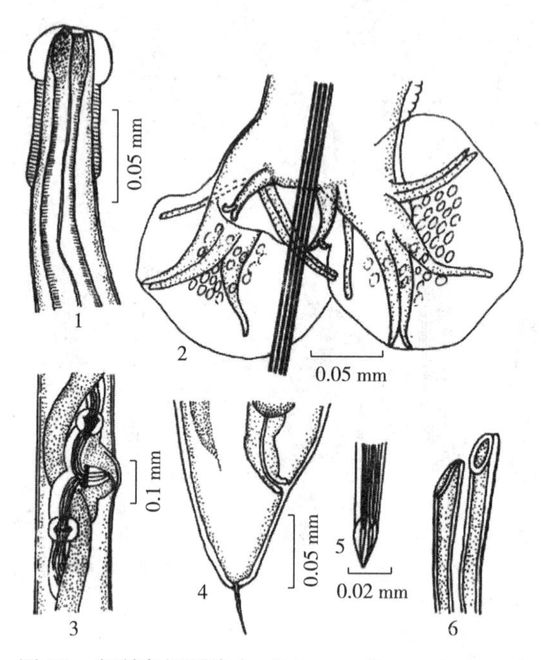

图88 奥利春细颈线虫（*Nematodirus oriatianus*）

1. 头部 2. 交合伞 3. 雌虫阴门部分 4. 雌虫尾部侧面观 5. 交合刺远端腹面观 6. 交合刺始端

89. 细颈线虫未定种 *Nematodirus* sp.

形态结构：本种形态与达氏细颈线虫（*N. davtiani*）相近，但有以下不同：①背肋长度不同：两种背肋末端都分为内长外短的2尖支，但本种背肋长为0.04 mm，后者为0.10 mm。②交合刺附接尖长度不同，本种为12.90～15.10 μm，后者为18.00 μm左右。③雌虫尾部长度与形状不同：本种尾长0.14 mm，末端膨大。后者尾长0.04～0.07 mm，末端不膨大。④排卵器长度不同：本种为0.51mm，后者为0.40～0.49 mm。⑤宿主动物不同：本种寄生在牦牛小肠内，后者寄生在绵羊、山羊的皱胃、小肠内（图89）。

宿主与寄生部位：牦牛。小肠。

检出地点：青海省泽库县。

▶ 奥斯特属 *Ostertagia* Ransom, 1907

口囊小，颈乳突明显。雄虫交合伞侧叶大，背叶小，叶间无明显界线，有些种有附加伞膜。腹肋末端近伞缘，前侧肋一般不达伞缘，外背肋从背肋主干基部分出，背肋短，常于主干1/2或1/3处分为2支，分支末端再分小支。交合刺1对，有的种不等长，常于远端分为2支或3支，侧腹支较长而粗于其他支。伞前乳突发达，有引带。雌虫阴门位于虫体后部，阴唇隆起。

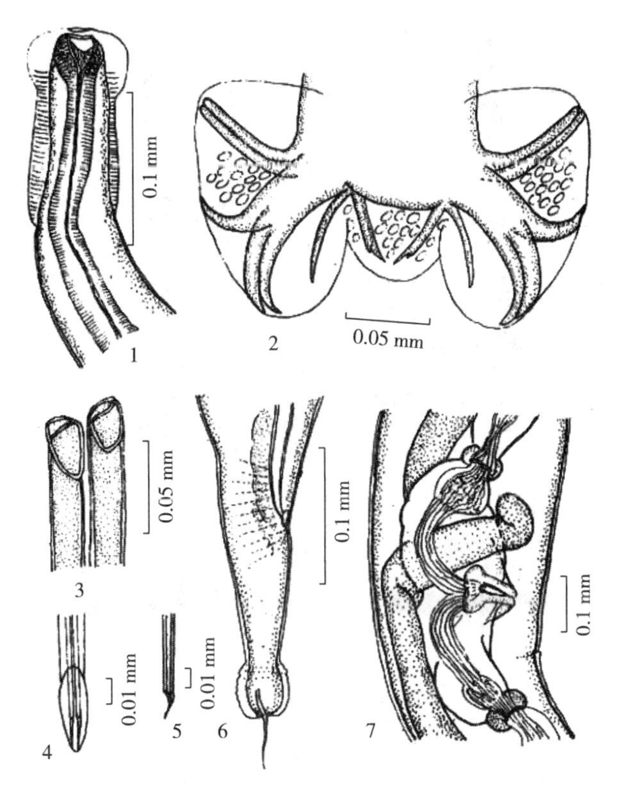

图 89　细颈线虫未定种（*Nematodirus* sp.）

1. 成虫前部　2. 交合伞　3. 交合刺始端　4. 交合刺远端部分腹面观
5. 交合刺远端部分侧面观　6. 雌虫尾部侧面观　7. 雌虫阴门部分

90. 普通奥斯特线虫　*Ostertagia circumcincta*（Stadelmann，1894）Ransom，1907

形态结构：虫体体表角皮呈棕色，有 16～18 条纵线。雄虫大小为（7.47～12.00）mm×（0.13～0.21）mm。食道长度为 0.70～0.76 mm。颈乳突距头端 0.34～0.39 mm。排泄孔距头端 0.35 mm。交合伞由 2 个大侧叶和 1 个短小背叶构成。背肋长为 0.13～0.15 mm，于中部分 2 支，每支于中部分 1 侧支，于末端又分 2 个小支。交合刺等长，具 2 个侧翼，长为 0.38～0.42 mm；下 1/4 处分 3 支，主干长，末端有个泡状结构。引带球拍状，长为 0.08～0.14 mm。雌虫大小为（10.29～13.02）mm×（0.13～0.20）mm。尾端呈圆锥形，于末端稍前有一轮形隆起，上有数圈环状结构。尾长为 0.13～0.20 mm。阴门距尾端 1.99～2.29 mm，有大的阴门盖。排卵器大小为 0.50～0.66 mm。虫卵大小为（69.00～95.00）μm×（34.00～59.00）μm（图 90）。

宿主与寄生部位：牦牛、黄牛、水牛、绵羊、山羊、骆驼。皱胃、小肠。

91. 达呼尔奥斯特线虫　*Ostertagia dahurica* Orloff，Belova et Gnedina，1931

形态结构：虫体细小，粉红色。体表角皮层具有 30～40 条细致的纵纹，横纹不明显。口腔小，无齿。雄虫体长为 8.56～10.62 mm、最大宽度为 0.10～0.16 mm。食道长为 0.59～0.70 mm，后部膨大呈柱状。排泄孔距头端 0.25～0.32 mm。颈乳突明显，距头端 0.31～0.38 mm。神经环位于距头端 0.24～0.32 mm 处。交合伞由 2 个侧叶和 1 个背叶组成。腹腹肋和侧腹肋起于同一主干，腹腹肋较侧腹肋细短。3 支侧肋起于同一主干，

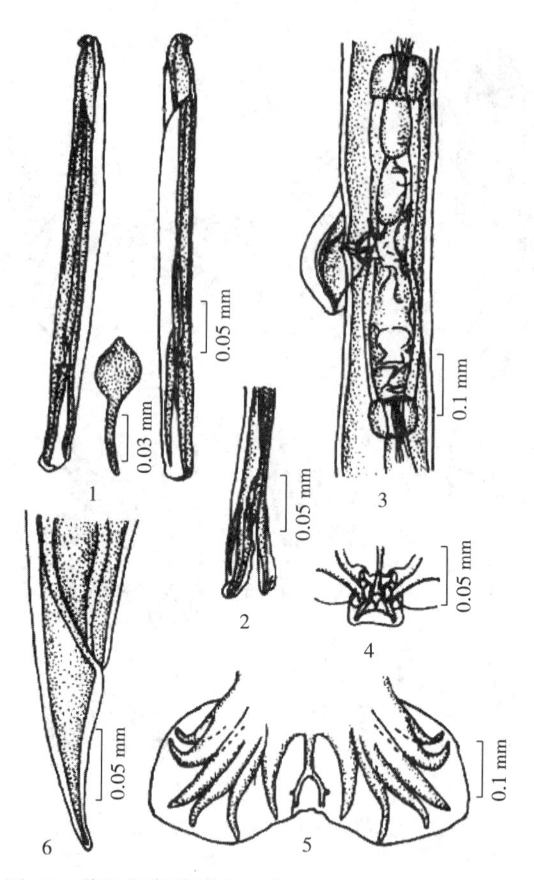

图 90　普通奥斯特线虫（*Ostertagia circumcincta*）

1. 交合刺和引带　2. 交合刺远端　3. 雌虫阴门部分　4. 生殖锥　5. 交合伞　6. 雌虫尾端侧面观

（仿周彩琼，1979）

前、中 2 侧肋的末端弯曲方向相反，两肋间的距离大。外背肋与侧肋起于同一主干，较其他肋短细。背肋在远端 1/3 处分为左右 2 支，每支中部各向外分出 1 个小侧支，末端又分成 2 个小叉。背肋长为 0.15～0.19 mm，基部到分支处长为 0.10～0.13 mm，分支处到末端长为 0.05～0.07 mm。交合刺 1 对，淡黄色，等长，长为 0.23～0.26 mm，约在远端 1/3 处分为 3 支：侧腹支长为 0.07～0.10 mm，远端有泡状物包裹；中腹支与背支等长，末端尖细，长为 0.05～0.06 mm，背支远端常弯曲。引带无色，呈蝌蚪状，长为 0.05～0.07 mm。雌虫体长为 8.65～11.29 mm、最大宽度为 0.66～0.18 mm。阴门位于虫体后部，呈横裂状，距尾端 0.85～1.07 mm，其上覆盖着舌状的角质瓣膜。排卵器（包括括约肌）长为 0.57～0.61 mm。肛门距尾端 0.16～0.21 mm。尾端呈圆锥形，从肛门后逐渐变细。虫卵大小为（69.00～83.00）μm×（27.00～34.00）μm（图 91）。

宿主与寄生部位：牦牛、黄牛、绵羊、山羊、骆驼。皱胃、小肠。

92. 西方奥斯特线虫　*Ostertagia occidentalis* Ransom，1907

形态结构：虫体丝状，淡棕色。体表角皮层有 30～32 条纵纹，无横纹。雄虫体长为 8.74～16.00 mm、交合伞前宽为 0.18～0.20 mm。食道长为 0.78～0.99 mm。颈乳头距头端 0.20～0.34 mm。交合伞发达，由 2 个大的侧叶和 1 个小的背叶组成。交合伞的伞膜边缘有横纹，中部有大小不等的泡状花纹。有伞前乳突。腹腹肋与侧腹肋起于同一主

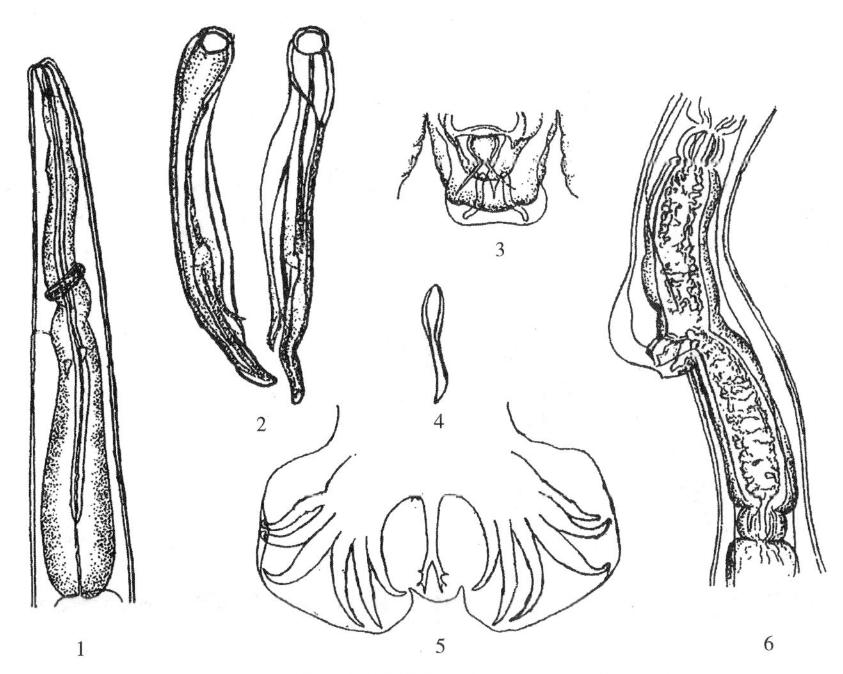

图 91　达呼尔奥斯特线虫（*Ostertagia dahurica*）
1. 前部　2. 交合刺　3. 生殖锥　4. 引带　5. 交合伞　6. 阴门部

干，腹腹肋比侧腹肋细得多，两肋近端分开，远端逐渐变细而靠近，且向腹面弯曲，均伸达伞缘。3 侧肋中后侧肋最细，中、后侧肋稍弯向背方，并伸达伞缘。外背肋细长，其末端几达伞缘。背肋长为 0.23～0.32 mm，距背肋主干基部 0.19～0.20 mm 处分为 2 支，每支远端有 1 个小侧支，末端又分为 2 个小支。有发育良好的附伞膜，其长为 0.06 mm、宽为 0.05 mm，背小肋长为 0.04 mm。交合刺 1 对，棕褐色，等长，长为 0.25～0.34 mm。交合刺在中部分为 3 支，其中背支最粗，末端削平，并有帽状刺膜包围，其长度稍短于侧腹支；侧腹支末端呈斜切状，有刺膜包围，粗细介于背支和中腹支之间；中腹支最短，末端锥形，引带呈矛形，近端分叉，长为 0.11～0.15 mm、宽为 0.01～0.02 mm。雌虫体长为 7.48～14.54 mm、阴门区体宽为 0.21～0.22 mm。阴门横裂状，有阴门盖，阴门距尾端 1.67～3.01 mm。排卵器长为 0.41～0.63 mm。肛门距尾端 0.14～0.17 mm。肛门以后尾部逐渐变细。尾端有 3～4 个环。虫卵大小为（82.00～86.00）μm×（32.00～41.00）μm（图 92）。

宿主与寄生部位：牦牛、绵羊、山羊。皱胃。

93. 奥氏奥斯特线虫　*Ostertagia ostertagi*（Stiles，1892）Ransom，1907

形态结构：虫体前端尖细，口腔不发达，体表具纵线。神经环位于食道前 1/3 附近，颈乳突明显。雄虫体长为 5.82～9.95 mm、宽为 0.13～0.15 mm。交合伞小，外背肋单独分出，背肋长为 0.05～0.06 mm，在远端 1/3 处分成 2 支，每支末端分成 3 个小支。交合刺 1 对，等长，呈褐色，长为 0.23～0.26 mm、宽为 0.23 mm；在远端 1/4 处分为 3 支，侧腹支长为 0.52～0.55 mm，背支短而宽，长为 0.03～0.04 mm，中腹支末端略弯向内侧，长为 0.04～0.05 mm。引带球拍状，大小为 0.08 mm×0.01 mm。雌虫体长为 8.10～10.00 mm、宽为 0.13～0.18 mm。阴门有角质唇片覆盖，阴门距尾端 1.29～

1.41 mm。肛门距尾端 0.12～0.14 mm。排卵器长为 0.23～0.27 mm。虫卵大小为 (62.00～82.00) μm× (34.00～42.00) μm (图 93)。

宿主与寄生部位：牦牛、黄牛、水牛、绵羊、山羊、骆驼。皱胃、小肠。

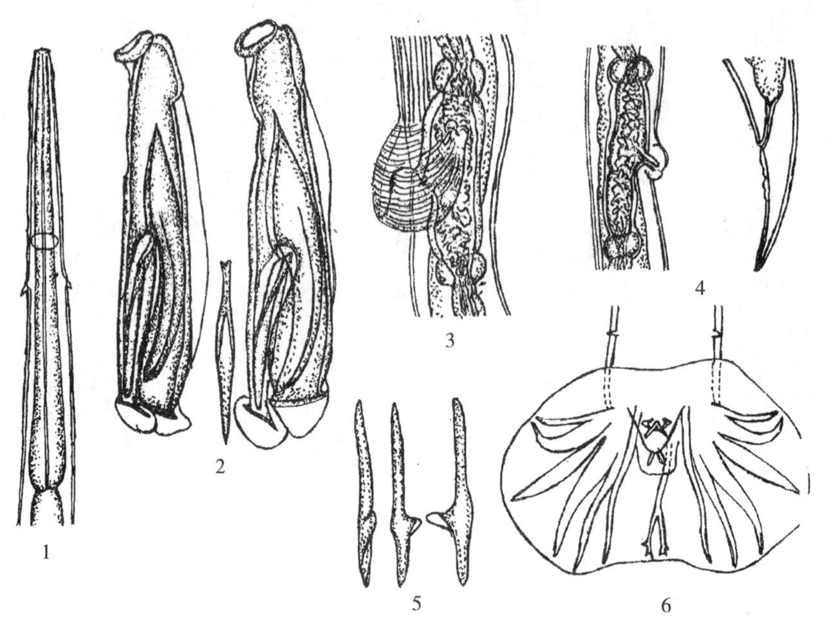

图 92 西方奥斯特线虫（*Ostertagia occidentalis*）

1. 前部 2. 交合刺及引带 3. 阴门部 4. 雌虫尾部 5. 引带 6. 雄虫尾部

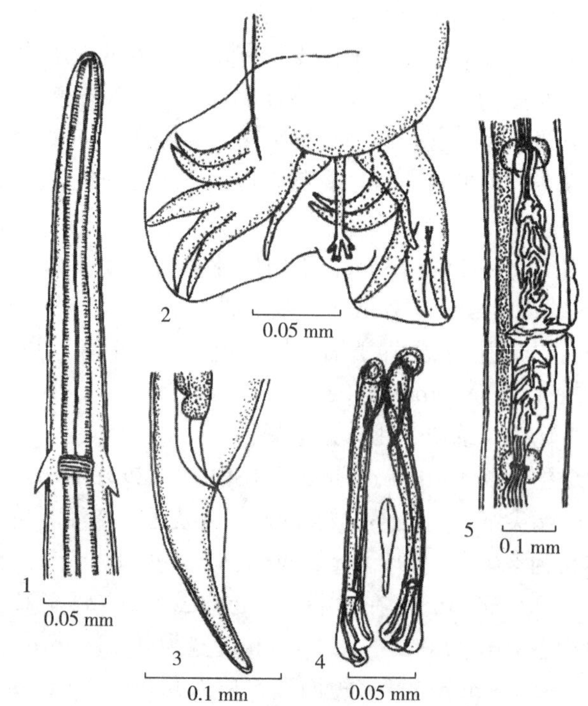

图 93 奥氏奥斯特线虫（*Ostertagia ostertagi*）

1. 成虫前部 2. 交合伞 3. 雌虫尾部侧面观 4. 交合刺和引带 5. 雌虫阴门部分

94. 斯氏奥斯特线虫　*Ostertagia skrjabini* Shen, Wu et Yen, 1959

形态结构：头部有角质层围绕，神经环不显著，位于食道前1/3处。雄虫体长为7.89～11.78 mm、宽为0.15～0.18 mm。交合伞有许多泡状物，背肋长为0.20～0.21 mm，在其约1/2处分成2支，每支外侧远端有一指状突起。交合刺1对，等长，呈褐色，长为0.25～0.37 mm、宽为0.04 mm，在其远端1/3处分为3支，远端均被透明膜包围；侧腹支长为0.14 mm，背支长为0.09 mm，末端呈倒钩状，中腹支长为0.10 mm。引带呈梭形，大小为（0.10～0.15）mm×（0.02～0.03）mm。雌虫体长为11.78～14.65 mm、宽为0.14～0.18 mm。阴门距尾端2.14～2.79 mm。排卵器长为0.25～0.42 mm。肛门距尾端0.13～0.18 mm。虫卵大小为（72.00～82.00）μm×（40.00～50.00）μm（图94）。

宿主与寄生部位：牦牛、黄牛、绵羊、山羊。皱胃。

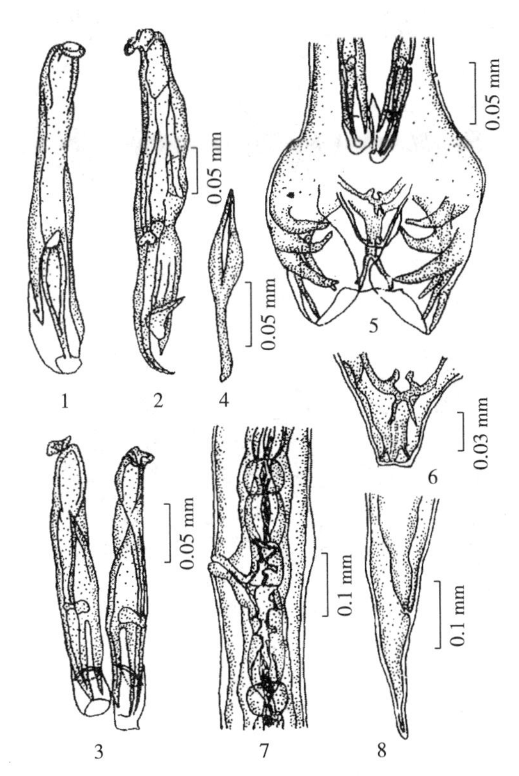

图94　斯氏奥斯特线虫（*Ostertagia skrjabini*）

1. 交合刺侧面观　2. 交合刺背面观　3. 交合刺腹面观　4. 引带　5. 交合伞　6. 生殖锥
7. 雌虫阴门部分　8. 雌虫尾端侧面观
（仿周彩琼，1979）

95. 三叉奥斯特线虫　*Ostertagia trifurcata* Ransom, 1907

形态结构：体表无横纹。雄虫体长为7.83～14.32 mm、宽为0.12～0.20 mm。食道长为0.55～0.60 mm。颈乳突距头端0.35～0.37 mm。神经环距头端0.23～0.37mm。交合伞背肋长为0.08～0.12 mm，背肋在中部分为2支，每支在约1/2处外侧有一凸起，分支的末端分叉。交合刺1对，等长，长为0.18～0.31 mm，每根在远端约1/3处分为3支，侧腹支长为0.10～0.11 mm，有泡状物，中腹支长为0.05 mm，背支长为0.03 mm。

引带呈梭形，大小为（0.07～0.15）mm×0.01 mm。雌虫体长为8.11～14.44 mm、宽为0.15～0.19 mm。尾部长为0.12～0.18 mm，末端稍前方有一轮形隆起，上有数圈环状结构。阴门距尾端1.71～2.52 mm。排卵器长为0.46～0.75 mm。虫卵大小为（56.00～85.00）μm×（36.00～43.00）μm（图95）。

宿主与寄生部位：牦牛、黄牛、绵羊、山羊、骆驼。皱胃、小肠。

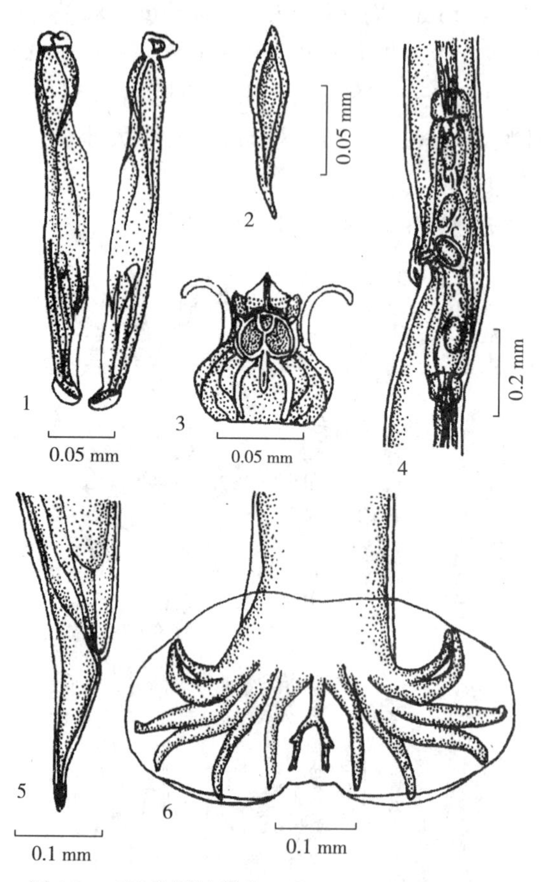

图95　三叉奥斯特线虫（*Ostertagia trifurcata*）

1. 交合刺　2. 引带　3. 生殖锥　4. 雌虫阴门部分　5. 雌虫尾部侧面观　6. 交合伞

（仿周彩琼，1979）

网尾科　Dictyocaulidae Skrjabin，1941

口缘有4个小唇片，口囊小。雄虫交合伞发达，后侧肋与中侧肋合并，交合刺短，为多孔状结构，远端有指状突起。有引带。雌虫阴门位于虫体中部。寄生于反刍动物呼吸道。

网尾属　*Dictyocaulus* Railliet et Henry，1907

背肋粗大，分2支，每支末端又分2～3个指状突起，卵生，壳薄而透明。

96. 丝状网尾线虫　*Dictyocaulus filaria*（Rudolphi，1809）Railliet et Henry，1907

形态结构：虫体型较大，乳白色。雄虫体长为25.30～80.00 mm、宽为0.27～0.46 mm。食道长为1.20～1.55 mm。中后侧肋合并，但末端略分为二，背肋2支，末端各有3个指状突起。交合刺1对，等长，黄褐色，侧面观呈靴状，大小为（0.45～

0.62) mm×(0.05～0.10) mm。引带大小为(0.07～0.12) mm×0.01 mm。雌虫体长为50.00～112.00 mm、宽为0.53～0.59 mm。食道长为1.46～1.94 mm。阴门位于虫体中部。尾长为0.48～0.56 mm。虫卵呈椭圆形，内有一幼虫，大小为(119.00～135.00) μm×(74.00～91.00) μm(图96)。

宿主与寄生部位：牦牛、黄牛、水牛、绵羊、山羊、骆驼。气管、支气管。

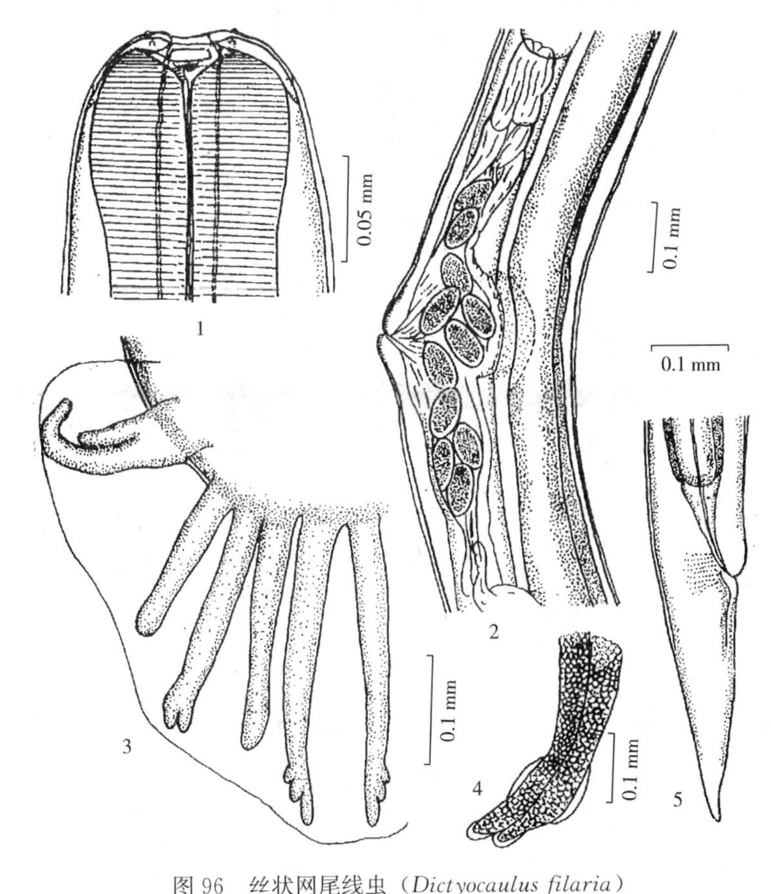

图96 丝状网尾线虫(*Dictyocaulus filaria*)

1. 成虫前端 2. 雌虫阴门部分侧面观 3. 交合伞的一部分 4. 交合刺 5. 雌虫尾部侧面观

97. 胎生网尾线虫 *Dictyocaulus viviparus*(Bloch，1782) Railliet et Henry，1907

形态结构：虫体丝状，淡黄色。口囊小，食道圆筒状，后部膨大。雄虫体长为24～59 mm、宽为0.13～0.48 mm。交合伞小，分叶不明显。前侧肋末端不膨大，中、后侧肋前部合并，末端分离，背肋成倒"V"形的2支，每支末端有2～3个指状突起。交合刺1对，等长，为棕色棒状海绵状结构，末端有分支，长为0.18～0.28 mm。引带呈球拍形，大小为(0.04～0.07) mm×(0.01～0.03) mm。雌虫体长为15.00～82.00 mm、宽为0.21～0.66 mm。阴门横缝状，距头端13.39～37.21 mm。尾长为0.32～0.58 mm。虫卵呈椭圆形，内有一幼虫，大小为(49.00～99.00) μm×(33.00～66.00) μm(图97)。

宿主与寄生部位：牦牛、黄牛、水牛、奶牛、犏牛、绵羊、山羊、骆驼。气管、支气管。

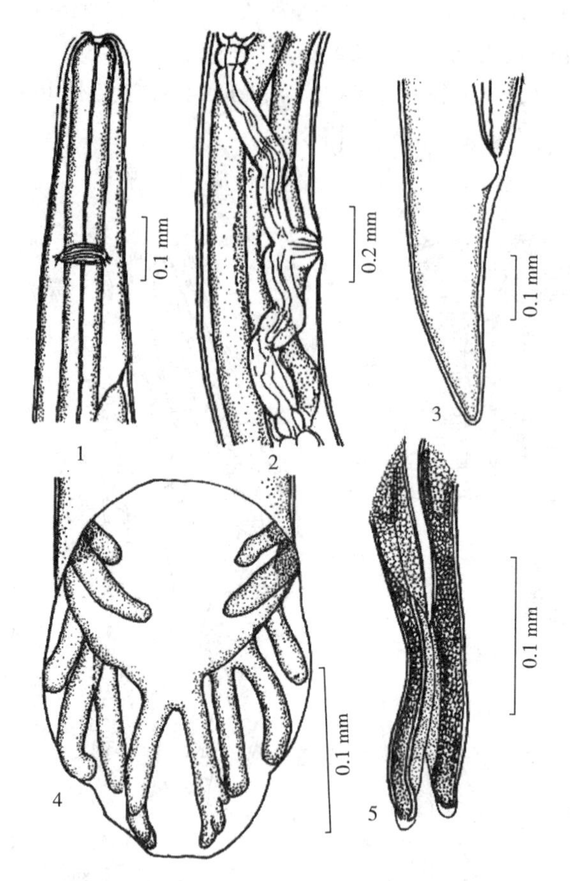

图 97　胎生网尾线虫（*Dictyocaulus viviparus*）

1. 成虫前端侧面观　2. 雌虫阴门部分　3. 雌虫尾部侧面观　4. 交合伞背面观　5. 交合刺

98. 卡氏网尾线虫　*Dictyocaulus khawi* Hsü，1935

形态结构：雄虫，体长为 23.80～26.00 mm，最大宽度为 0.32～0.40 mm。交合伞中等大小，分叶不明显。腹肋起于同一主干，前腹肋短小，后腹肋细长；中、后侧肋合并为一，前侧肋和外侧肋单独发出，远端膨大；背肋在其根部明显分为 2 支，每支末端又分出 3 小支，其中 2 支较长，且并齐到末端，另 1 支较短为侧支。交合刺长为 0.22～0.23 mm，最大宽度为 0.03 mm，黄棕色，侧面观呈折棒状，腹面观中部翼膜有横纹。引带由一堆小泡状物构成，略似长方形。雌虫，体长为 31.33 mm，宽度为 0.37 mm。阴门位于体中部稍后，稍凸出。肛门距尾端 0.26～0.27 mm，尾端尖（图 98）。

鉴别特征：交合刺侧面观呈折棒状，腹面观有横纹；背肋在其根部即分为 2 支，每支末端有 3 个小分支，其中 2 支并齐，另 1 支为侧支；中后侧肋完全合并。

宿主与寄生部位：牦牛。支气管、气管。

原圆科　Protostrongylidae Leiper，　1926

虫呈毛发状，雄虫交合伞具短干状背肋，附有乳突，交合刺呈多孔性栉状，有引带和副引带。雌虫阴门近肛门，阴道末端有 1 对括约肌。卵生，中间宿主为软体动物。寄生于哺乳动物呼吸系统中。

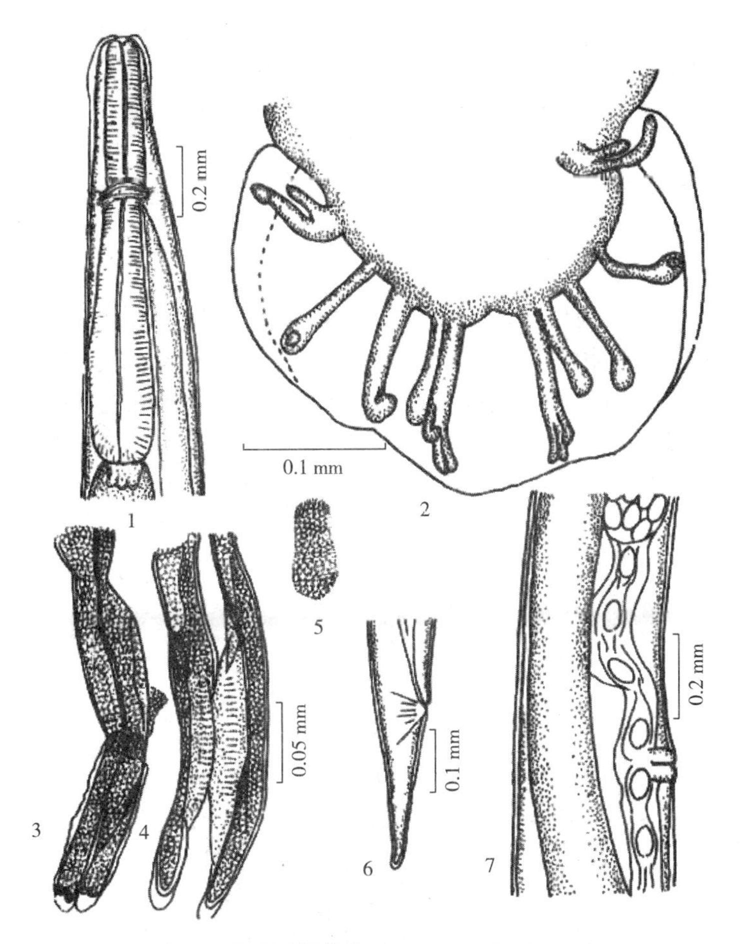

图 98　卡氏网尾线虫（*Dictyocaulus khawi*）

1. 成虫前端　2. 交合伞　3、4. 交合刺侧面观及腹面观　5. 引带　6. 雌虫尾部侧面观　7. 雌虫阴门部分侧面观

▶ 原圆属　*Protostrongylus* Kamensky，1905

虫褐色，口有 3 个唇片，每个唇片基部都有成对乳突。食道长柱形，后端稍膨大，神经环位于食道中部。颈乳突小，位于食道后部。交合伞分成 2 叶，背肋圆形，腹面有 6 个乳突。引带由头、体、脚 3 部分组成，头似倒“V”形，有些种类无头，体多成对，仅个别种类是单个。脚成对。交合刺 1 对，主干为海绵状结构，两翼有带状横纹，刺远端横纹渐消失。雌虫尾端圆锥形。卵椭圆形，壳薄透明。常寄生于草食动物的肺中。

99. 霍氏原圆线虫　*Protostrongylus hobmaieri*（Schulz，Orloff et Kutass，1933）Cameron，1934

形态结构：虫体细长，褐色，角皮具有不明显的横纹。口位于虫体顶端，由 3 个小唇片包围着，每个唇片基部都有成对的乳突。食道长柱形，后端稍膨大。神经环位于食道中部。颈乳突很小，在食道基部前方体两侧。雄虫体长为 24.00～30.00 mm、最大宽度为 0.13～0.15 mm。食道长为 0.42～0.46 mm。交合伞明显地分为 2 叶。两腹肋的基部合并，在全长 1/2 以上的远端分开。3 支侧肋由共同的主干发出；后侧肋与中侧肋的基部合并，到中部分开并延伸至伞的边缘，前侧肋较短，不到达伞缘。外背肋单独从基部发出，其远端与伞缘相距很远。背肋球状，其腹面有 5 个无柄乳突和 1 个有柄乳突。5 个无柄乳突中3个较大，2个较小，排列于圆形背肋的下缘。1个有柄乳突位于背肋基部的中央，其尖端朝向虫体的前方。交合刺1对，深褐色，中轴为海绵性结构，长为0.23～0.26 mm，于近端1/5～1/3处开始有栉状的翼，该翼向后逐渐扩大，直达交合刺远端；在远端，栉状横纹逐渐消失，其末端部仅看到柔软的膜。副引带由基片、短的侧片及发达的腹片组成。腹片在泄殖腔上连合形成横片，无背片。引带深褐色，长为0.11～0.12 mm，由头、体及脚3部分组成。头部叉形，分叉长为0.03～0.04 mm；体部弱角质化，颜色比头、脚两部浅，长为0.05～0.06 mm，近端与头部相连，从相连处的左右两侧发出弧形的2支，远端与脚部的近端相接。椭圆形体部的中央被透明的、不易观察到的薄膜支撑着；脚部呈钩状，长为0.05～0.07 mm，边缘光滑，尖端向腹面弯曲。雌虫体长为23.00～64.00 mm、最大宽度为0.14～0.17 mm。食道长为0.42～0.46 mm。阴门距尾端0.23～0.28 mm，距肛门0.08～0.10 mm。阴道长为0.89～1.22 mm。前阴道不发达，从侧面观，像一角质舌状突出物。尾端圆锥形，长为0.09～0.11 mm。虫卵椭圆形，大小为（69.00～75.00）μm×（36.00～39.00）μm（图99）。

宿主与寄生部位：牦牛、黄牛、绵羊、山羊。小支气管、支气管。

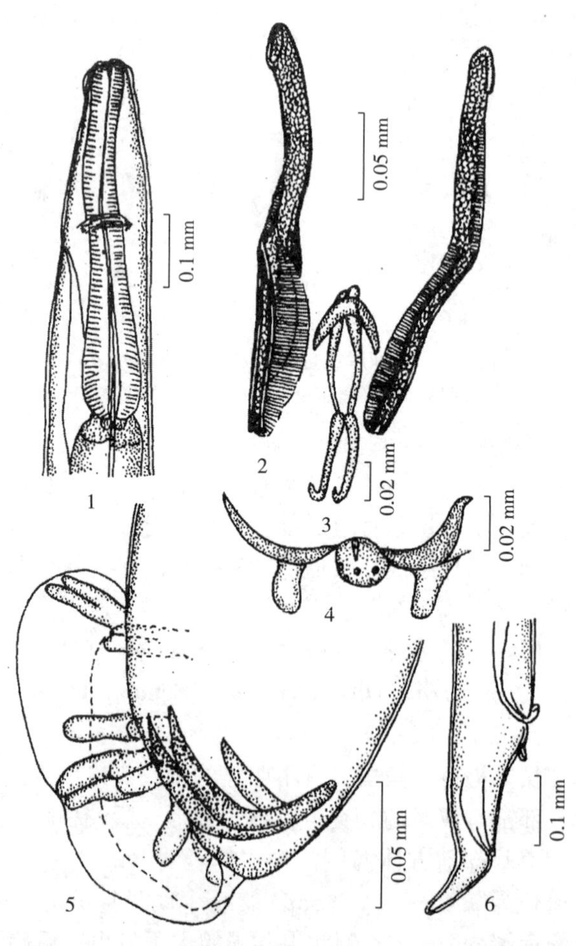

图99　霍氏原圆线虫（*Protostrongylus hobmaieri*）

1. 成虫前部　2. 交合刺　3. 引带　4. 背肋和副引带　5. 雄虫尾部　6. 雌虫尾端

变圆属 *Varestrongylus* Bhalerao，1932

同物异名：歧尾属 *Bicaulus* Schulz et Boev，1940

虫体小，头端具4个唇。雄虫交合伞两侧叶发达，背叶小，两腹肋粗钝，裂状，前侧肋与中后侧肋分开，伸达伞缘，背肋呈圆形，其腹面有有柄乳突或无柄乳突，交合刺1对，等长，引带由体部和脚部组成，体部棒状，脚部为2个齿状角质片，副引带不发达。雌虫前阴道发达。寄生于哺乳动物呼吸系统。

100. 肺变圆线虫 *Varestrongylus pneumonicus* Bhalerao，1932

形态结构：虫体很细，中等长度。口孔围绕着4个唇，其中2个位于侧面，背、腹面各有1个。雄虫体长为7.00～17.10 mm、宽为0.07～0.13 mm。交合伞两侧叶发达，腹肋达伞缘，后侧肋小呈芽状，背肋呈圆状，有5个乳突。交合刺1对，等长，长为0.22～0.30 mm，有侧翼膜，末端分为2支。引带由体部和脚部构成，体部呈一支杆状，近端钝，远端尖，脚部呈不规则的四角形，上有4个小齿，长为0.02 mm。雌虫体长为10.00～27.00 mm、宽为0.08～0.24 mm。阴门位于虫体后端，距尾端0.08～0.11 mm，有阴门盖，阴门长为0.05 mm。虫卵呈椭圆形，内有幼虫，大小为（49.00～50.00）μm×（33.00～36.00）μm（图100）。

宿主与寄生部位：牦牛、绵羊、山羊。小支气管。

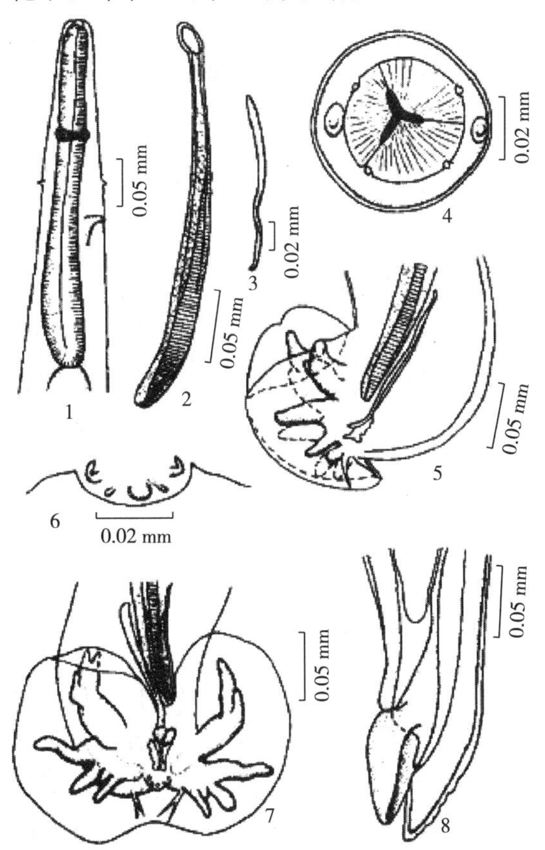

图100 肺变圆线虫（*Varestrongylus pneumonicus*）

1. 成虫前端腹面观 2. 交合刺 3. 引带体部 4. 成虫头端顶面观
5. 交合伞侧面观 6. 背肋腹面观 7. 交合伞腹面观 8. 雌虫尾部侧面观

伪达科 Pseudaliidae Railliet, 1916

口简单，有头乳突，食道棒状。雄虫后端钝圆，锥形弯向背面，交合伞退化或小，腹肋和侧肋短钝，背肋末端分支，交合刺等长，相似，具引带。雌虫尾圆锥形，肛门近末端，阴门位于肛门前。卵生或胎生。寄生于哺乳动物的肺中。

缪勒属 *Muellerius* Cameron, 1927

虫细小，雄虫尾部呈螺旋状卷曲，交合伞很小，伞肋细短。两腹肋并列，中后侧肋合而为一，外背肋由粗短的背肋主干基部发出，背肋分为 3 支。交合刺 1 对，每刺在全长 1/2 或 1/3 处分支，有引带及副引带。雌虫尾圆锥形，阴道不发达，阴门近肛门。寄生于牛、羊肺中。

101. 毛细缪勒线虫 *Muellerius minutissimus*（Megnin, 1878）Dougherty et Goble, 1946

同物异名：毛样缪勒线虫 *Muellerius capillaris* Muller，1889

形态结构：雄虫体长为 12.00～14.00 mm，尾部卷曲。交合伞退化，形极短窄。背肋及外背肋短小。中侧肋后侧肋连在一起，外侧肋则隔开较远。腹肋 2 支，在较前的位置。交合刺长为 0.15 mm，在中段折向腹面，有两分叉，各具翼膜，其中轴有重叠的羽状分支。雌虫长为 19.00～23.00 mm，末端尖细，阴门与肛门很接近。卵长椭圆形，大小为 100.00 μm×20.00 μm（图 101）。

宿主与寄生部位：牦牛、绵羊、山羊。支气管、细支气管、毛细支气管、肺泡、肺实质、胸膜下结缔组织。

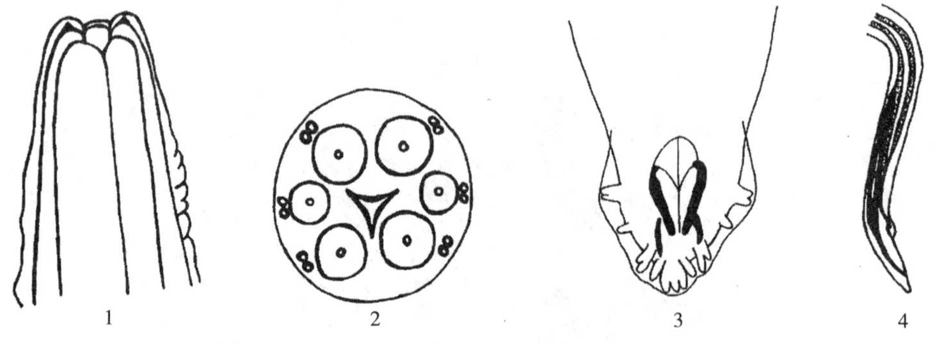

图 101 毛细缪勒线虫（*Muellerius minutissimus*）

1. 前端 2. 头端顶面 3. 雄虫尾部 4. 雌虫后部

旋尾目 Spirurida Diesing, 1861

多具 2 个唇片，少数种类有 4 个或 6 个唇片，口腔长，具角质厚壁，食道长，有些种类分肌质部或腺质部两部分。雄虫尾部常有尾翼膜，交合刺 1 对，大小、形状不同。泄殖孔前后有肛乳突。雌虫尾圆锥形，阴门于中部或后部，阴道发达，卵生或卵胎生，以节肢动物为中间宿主，成虫寄生于消化道、呼吸系统、眼眶和鼻腔等。

筒线科 Gongylonematidae Sobolev, 1949

虫体细长，前部表皮具有几列纵行的角皮盾。口有 4 个或 6 个小唇，2 层环口乳突，8 个外环和 6 个内环，口腔短小圆柱形。雄虫有尾翼膜，2 个交合刺大小形态均不同。雌虫尾端钝圆，阴门位于体后半部。寄生于鸟类与哺乳动物的食道和胃壁。

筒线属　*Gongylonema* Molin，1857

为较大型线虫，呈乳白色丝状。头端尖，口孔有 2 个分三叶的侧唇和 2 个小而窄的背腹唇。两侧唇内侧有齿，头部有 2 个侧乳突和 4 个下中乳突。角皮厚，具横纹。颈乳突位于神经环处或前。头部与食道表皮有大小不等的角皮盾，呈不整齐的长行状排列，虫前端两侧有对称的颈翼膜。咽狭短，圆筒形，壁厚。食道分肌质部与腺质部，前者短于后者。雄虫尾部稍弯曲，有不对称的尾翼膜，肛前具长柄乳突 4～6 对，肛后具长柄乳突 2～4 对，尾端有一堆小乳突。2 个交合刺长短悬殊，有引带。雌虫尾端钝圆，阴门位于肛门前不远处。卵胎生，卵椭圆形，壳厚。寄生于哺乳动物和鸟类食道，偶见于反刍动物第一胃。

102. 美丽筒线虫　*Gongylonema pulchrum* Molin，1857

形态结构：口背面有 4 个下中乳突，两侧各有 1 个侧乳突，虫体前端背腹面各有 4 行不同大小的角皮盾，并有发达对称的颈翼膜。雄虫体长为 30.00～62.00 mm、宽为 0.20～0.36 mm。食道肌质部长为 0.49～0.58 mm，腺质部长为 4.64～5.22 mm。尾长为 0.22～0.35 mm，两侧有不对称的尾翼膜，有柄乳突 11 对，其中肛前 5～6 对、肛后 4 对、尾端 2 对。交合刺 1 对，不等长，左交合刺细长，长为 17.00～23.48 mm；右交合刺粗短，长为 0.09～0.18 mm。雌虫体长为 80.00～145.00 mm、宽为 0.31～0.52 mm。阴门距尾端 3.53～5.66 mm。肛门距尾端 0.27～0.38 mm。尾部钝圆，稍向腹面弯曲。虫卵大小为（50.00～70.00）μm×（25.00～37.00）μm（图 102）。

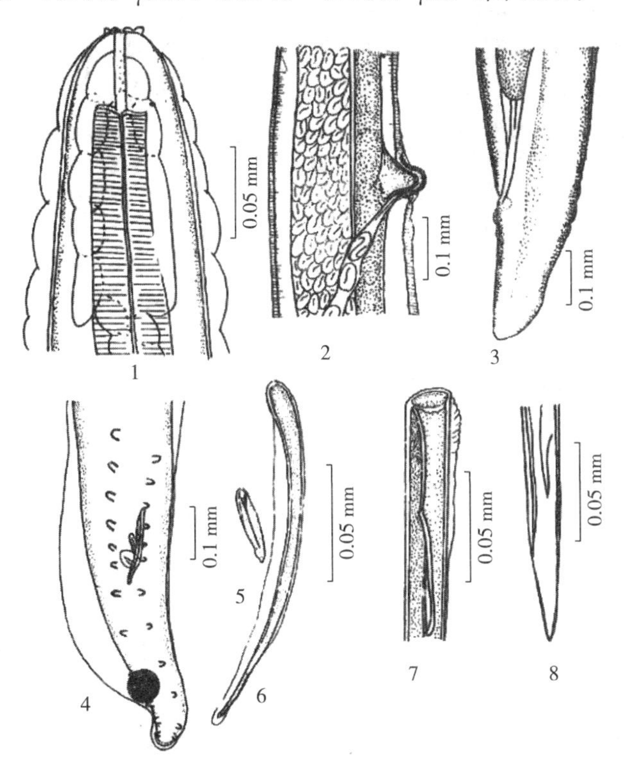

图 102　美丽筒线虫（*Gongylonema pulchrum*）

1. 成虫前端　2. 雌虫阴门部分　3. 雌虫尾部侧面观　4. 雄虫尾部　5. 引带　6. 右交合刺　7. 左交合刺始端　8. 左交合刺远端

宿主与寄生部位：牦牛、黄牛、水牛、绵羊、山羊、猪，偶于骆驼、马、驴、骡、犬。食道黏膜下。

103. 多瘤筒线虫 *Gongylonema verrucosum*（Giles，1892）Neumann，1894

形态结构：新鲜虫体为淡红色，颈翼膜呈"垂花饰"状。雄虫体长为 32.00～41.00 mm。雌虫体长为 70.00～95.00 mm（图 103）。

鉴别特征：表皮泡状物结构仅见于虫体左侧。左交合刺长为 9.50～10.50 mm，右交合刺长为 0.26～0.32 mm。

宿主与寄生部位：牦牛。瘤胃、食道。

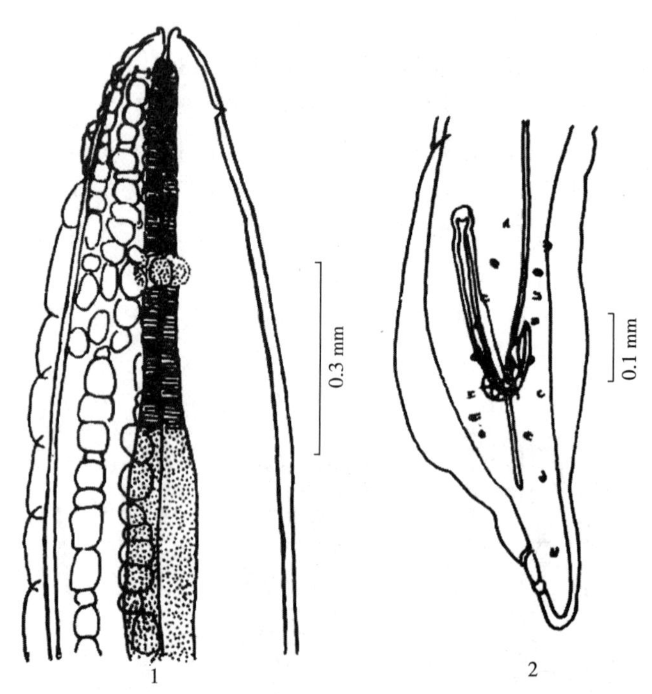

图 103 多瘤筒线虫（*Gongylonema verrucosum*）

1. 成虫前部背面 2. 雄虫尾部腹面

吸吮科 Thelaziidae Railliet, 1916

虫体细长，体表有横纹，头端有 4 个亚中乳突和 2 个侧化感器。口腔短宽，食道全部肌质，呈圆柱形。雄虫尾部弯向腹面，无尾翼膜，具多数肛乳突。2 个交合刺长度与形态均不同。雌虫尾部钝。胎生。寄生于鸟类或哺乳动物的眼睑、泪管。

▶ 吸吮属 *Thelazia* Bose，1819

角皮横纹粗，神经环位于食道后部，颈乳突位于食道部后。雄虫尾部短钝，具 10 个以上肛前乳突，排成纵列，2～4 对肛后乳突。雌虫尾部钝圆，亚末端具侧乳突。阴门于食道区，后子宫。

104. 大口吸吮线虫 *Thelazia gulosa* Railliet et Henry，1910

形态结构：虫体具有细横纹。头端钝，口部带有 2 个侧乳突和 4 个亚中乳突。口腔呈杯状，两侧的腔壁厚。食道圆柱形。雄虫体长为 10.29～11.12 mm、最大体宽为 0.46～0.48 mm。食道长为 0.29～0.33 mm。神经环距头端 0.15～0.20 mm。尾部弯向腹面，长为

0.07～0.13 mm。左右交合刺不等长，右刺长为 0.16～ 0.17 mm、宽度几乎相同；左刺长为 1.25～1.39 mm，前半部宽，后半部细长。肛前乳突 8～36 对，肛后乳突 3 对。无引带。尾朝腹面卷曲。雌虫体长为 10.79～12.95 mm、最大体宽为 0.49～0.53 mm。食道长为 0.42 mm。尾端钝圆，末端有 2 个不大的支囊状乳突。肛门距尾端 0.09～0.13 mm。阴门位于体前部，距头端 0.56～0.75 mm。初期虫卵大小为 44.00 μm×30.00μm（图 104）。

宿主与寄生部位：牦牛、黄牛、水牛。第三眼睑下、结膜囊。

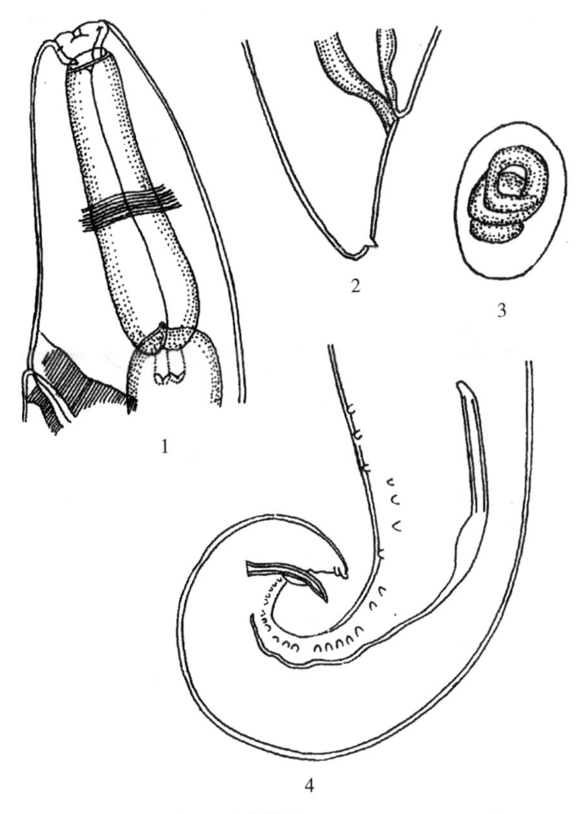

图 104　大口吸吮线虫（*Thelazia gulosa*）

1. 雌虫前部　2. 雌虫尾部　3. 虫卵　4. 雄虫尾部侧面

丝虫目　Filariidea Yamaguti，1961

虫体细长丝状，口简单，无唇，围有 4～5 个乳突，口腔退化，食道分肌质部和腺质部两部分。雄虫尾钝，常具翼膜和乳突，交合刺 1 对，常不等长，形状不同。无引带。雌虫阴门位于食道部，后子宫或对子宫，卵生、卵胎生或胎生，卵壳薄。昆虫为中间宿主，成虫寄生于家畜淋巴系统、肌肉结缔组织或体腔中，少数寄生于家禽。

蟠尾科　Onchoceridae Chaband et Anderson，　1959

虫细长，角皮具横纹和螺旋形并增厚，口简单，无唇。雄虫尾部短，左右交合刺不等长，形态不同，具多数肛乳突，常不对称排列。雌虫尾部锥形，但尾端钝圆，阴门位于食道部，胎生，微丝蚴无鞘。寄生于哺乳动物结缔组织中。

▶ 蟠尾属　*Onchocerca* Diesing，1841

同物异名：盘尾属 *Oncocerca* Creplin，1864

食道短，分部常不明显。雄虫尾部旋曲，尾端圆锥形，尾翼膜窄，有多个肛乳突，在泄殖腔附近常成群排列。

105. 圈形蟠尾线虫 *Onchocerca armillata* Railliet et Henry，1909

形态结构：虫体两端尖细，体表有横纹。无唇和乳突。食道长为 3.00 mm，明显分为前后两部分，前面肌质部短而细，后面腺质部长而粗。雄虫平均体长为 7.35 mm、宽为 0.21 mm，尾部向腹面卷曲。交合刺 1 对，不等长，呈褐色，左交合刺长为 0.29 mm、宽为 0.02 mm，有一条纵走的斜沟，交合刺扭转，末端略分叉；右交合刺长为 0.14 mm、宽为 0.02 mm，基部膨大，末端有一倒钩。尾部有发达的尾翼膜，腹面有 7～8 对乳突，即肛前 2 对，肛侧 2 对，肛后 4 对。雌虫体长为 13.40 mm、宽为 0.47 mm。神经环距头端 0.24 mm。阴门距头端 0.89 mm（图 105）。

宿主与寄生部位：牦牛、黄牛、水牛。胸主动脉内膜下。

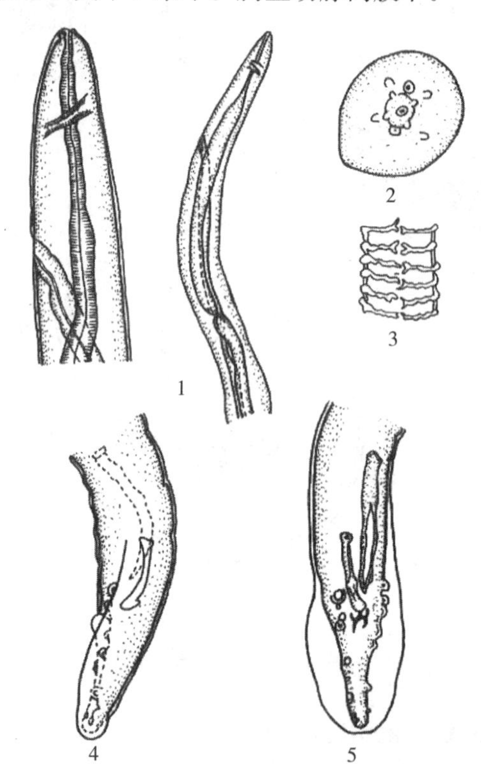

图 105　圈形蟠尾线虫（*Onchocerca armillata*）

1. 雌虫前部　2. 头端顶面　3. 雌虫体表纵纹　4. 雄虫尾部侧面　5. 雄虫尾部腹面

丝状科　Setariidae Skrjabin et Sckikhobalova，　1945

虫细长、乳白色，口围有角质环，有 4 个齿状突。食道分为肌质部和腺质部两部分。雄虫尾部旋曲，尾端两侧各有 1 个侧突，两交合刺不等长，形态不同，具 4 对肛前乳突和 3～4 对肛后乳突。雌虫尾部弯向背面，有 1 对侧突。阴门位于食道区，后子宫，卵胎生。寄生于哺乳动物腹腔中。微丝蚴具鞘，在宿主血液中。

▶ 丝状属　*Setaria* Viborg，1795

特征同科。其口围周围形成背唇、腹唇及 2 个侧唇，头部一般具 4 个亚中乳突和 2 个侧乳突。食道肌质部狭短，腺质部粗大。雌虫尾端常有结节状或刺状构造。阴门位于食道肌质部前部。微丝蚴具鞘膜。

106. 指形丝状线虫　*Setaria digitata* Linstow，1906

形态结构：虫体丝状，乳白色，体表有厚而无横纹的角质层。角质环的后面仅有 4 个亚中乳突。背腹唇呈凹形突出的斜伸三角形小平底顶端。两侧唇顶端呈近似直角状延伸。雄虫体长为 40.00～58.00 mm、最大宽度为 0.33～0.46 mm。食道肌质部长为 0.46～0.71 mm，腺体部长为 6.90～10.50 mm。神经环距头端 0.19～0.27 mm。泄殖腔距尾端 0.17～0.22 mm。尾部具有侧突 1 对。具有肛乳突 7 对，其中肛前 4 对，肛后 3 对。交合刺 1 对，左交合刺长为 0.27～0.35 mm；右交合刺长为 0.07～0.13 mm，颈部有绞窄部。雌虫长为 57.00～106.00 mm、最大宽度为 0.65～0.91 mm。食道肌质部长为 0.55～0.81 mm，腺体部长为 6.52～11.20 mm。神经环距头端 0.23～0.46 mm。阴门开口于虫体前部，距头端 0.52～0.78 mm。肛门距尾端 0.33～0.50 mm，尾部有侧突 1 对，尾端有形似纽扣状的突起物。阴门部子宫内的幼虫长为 0.20 mm、宽为 0.01 mm（图 106）。

宿主与寄生部位：牦牛、黄牛、水牛。腹腔。幼虫于马脊髓、脑、眼前方及羊的脊髓、脑。

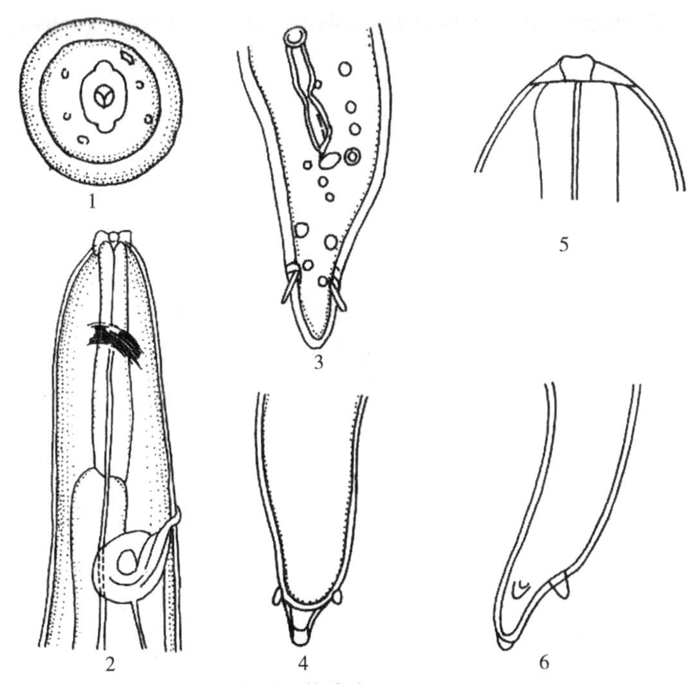

图 106　指形丝状线虫（*Setaria digitata*）

1. 头端顶面　2. 前部侧面　3. 雄虫尾部腹面　4. 雄虫尾部侧面　5. 前端背面　6. 雌虫尾部侧面

鞭虫目　Trichuridea Yamaguti，1961

同物异名：毛首目　Trichocephalidea

口简单无唇，体前部细长，体后部膨大，食道前部呈狭小管状，后部由行列细胞组成。肠管为一直管，肛门开口于体末端。雄虫如有交合刺仅 1 根。雌虫生殖孔于食道后，仅 1 个卵巢，阴道呈长管状，胎生或卵生，虫卵呈筒状，两端如瓶塞状，初产出虫卵为单胚胞期。寄生于消化道中。

鞭虫科　Trichuridae Railliet，1915

同物异名：毛首科　Trichocephalidae Baird，1853

　　　　　毛体科　Trichosomidae Leiper，1912

中型或大型线虫，前部显著地比后部细长，雄虫交合刺1根，有交合刺鞘。雌虫尾钝圆，阴门位于虫体粗细两部交界处，肛门位于虫体末端。卵生，卵纺锤形，壳厚，两端各有一栓。寄生于哺乳动物肠中。

▶ 鞭虫属　*Trichuris* Roederer，1761

同物异名：毛首属　*Trichocephalus* Schrank，1788

　　　　　鞭虫属　*Mastigodes* Zeder，1800

虫形如鞭，口中有一矛状物。食道位于虫体细长部分，被食道腺围绕，肠及生殖器官位于虫体粗的部分。雄虫尾端呈螺旋形卷曲，交合刺鞘上有小刺。雌虫后端微弯。

107. 球鞘鞭虫　*Trichuris globulosa* Linstow，1901

形态结构：虫体鞭状，前部细，后部粗。雄虫体长为30.00～80.00 mm，鞭部宽为0.13～0.20 mm，体部宽为0.74～0.82 mm，鞭部与体部之比为（2～3）∶1。交合刺长为2.50～6.70 mm，末端尖锐。交合刺鞘上布满小刺，末端膨大呈球形，上有小刺。雌虫体长为35.00～86.00 mm，鞭部宽为0.16～0.25 mm，体部宽为0.85～1.15 mm，鞭部与体部之比为（3～4）∶1。尾部不卷曲。末端钝圆。阴道短，开口于虫体粗细交界处。虫卵大小为（32.00～57.00）μm×（57.00～68.00）μm（图107）。

宿主与寄生部位：牦牛、黄牛、水牛、绵羊、山羊、骆驼、猪。盲肠、结肠。

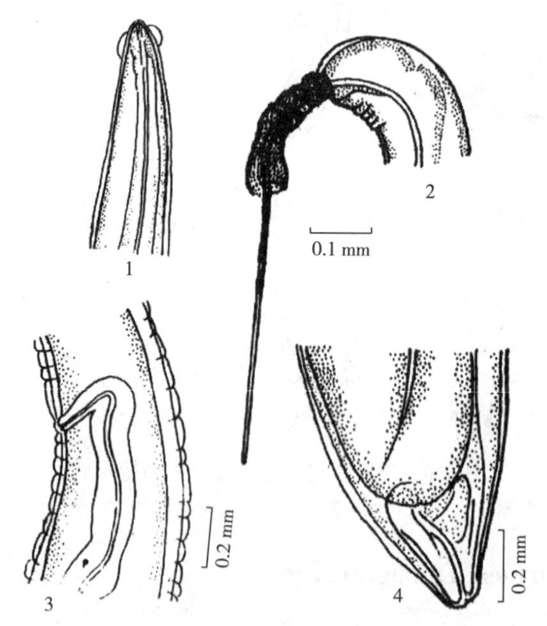

图107　球鞘鞭虫（*Trichuris globulosa*）

1. 成虫前部　2. 交合刺和交合刺鞘　3. 雌虫阴门部分　4. 雌虫尾端

108. 印度鞭虫　*Trichuris indicus* Sarwar，1946

形态结构：虫体鞭状，呈乳白色。雄虫体长为46.46～49.67 mm。交合刺始端较宽，远端尖细，长为3.06～4.25 mm。交合刺鞘长圆筒状，末端稍宽，上有密集小刺，长约为 1.16 mm，近端小刺长约为 1.60 μm，远端小刺长约为 3.20 μm。雌虫体长为 44.50～53.00 mm。阴门开口处无凸出，阴道内壁具有细绒毛构造（图 108）。

宿主与寄生部位：牦牛、绵羊、黄牛。盲肠。

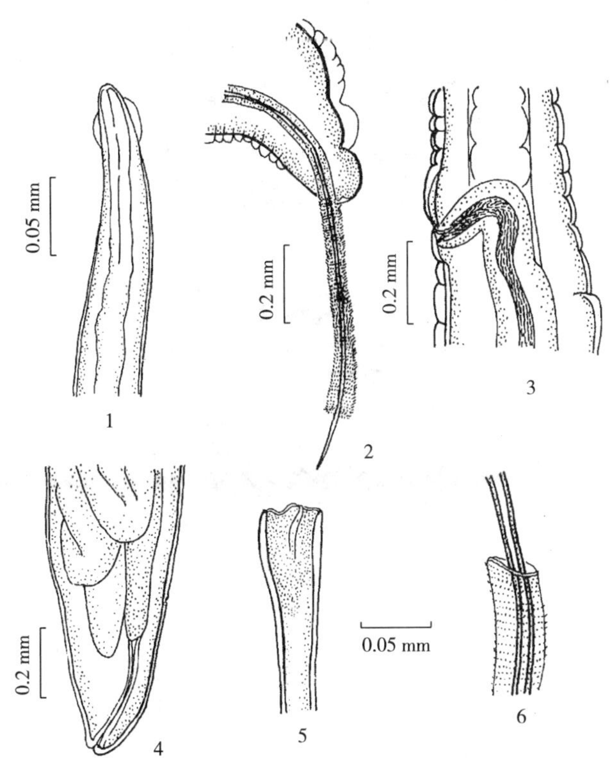

图 108　印度鞭虫（*Trichuris indicus*）

1. 成虫头部　2. 雄虫尾端　3. 雌虫阴门部分　4. 雌虫尾端　5. 交合刺始端　6. 交合刺鞘始端

109. 长刺鞭虫　*Trichuris longispiculus* Artjuch，1948

形态结构：虫体前细后粗，形如鞭样。前部和后部的长度之比为 2∶1。雄虫体长为 52.00～76.00 mm、最大宽度为 0.05～0.10 mm。交合刺 1 根，长为 5.60～6.20 mm。交合刺鞘布满刺，末端喇叭状扩大。雌虫体长为 68.00～85.00 mm、最大宽度为 0.93～1.03 mm。阴门开口于虫体前部和后部交界处，距尾端 14.30～16.14 mm。虫卵呈椭圆形，两端有栓，大小为（68.00～72.00）μm×（31.00～34.00）μm（图 109）。

宿主与寄生部位：牦牛、黄牛、绵羊、山羊。盲肠、结肠。

110. 羊鞭虫　*Trichuris ovis* Abilgaard，1795

形态结构：虫体前部细，后部粗，形如鞭。食道由一排念珠状的细胞组成。雄虫体长为 70.00～90.00 mm，鞭部与体部之比为 7∶3。尾部向背面卷曲。交合刺长为 4.63～5.32 mm，末端尖。交合刺鞘可伸缩，鞘呈管状，远端向外翻呈球形，整个鞘布满刺，鞘长为 1.11～2.30 mm，球体之后鞘上小刺逐渐变小。刺可从鞘内伸出。雌虫体长为 55.00～90.00 mm、最大宽度为 0.08～0.10 mm。阴门于粗细交界处凸出体表，凸出部分包有角质结节。肛门开口于虫体末端。虫卵呈腰鼓形，两端有栓，大小为（73.00～78.00）μm×（35.00～37.00）μm（图 110）。

宿主与寄生部位：牦牛、绵羊、山羊、黄牛、水牛、骆驼、猪、犬。盲肠、结肠。

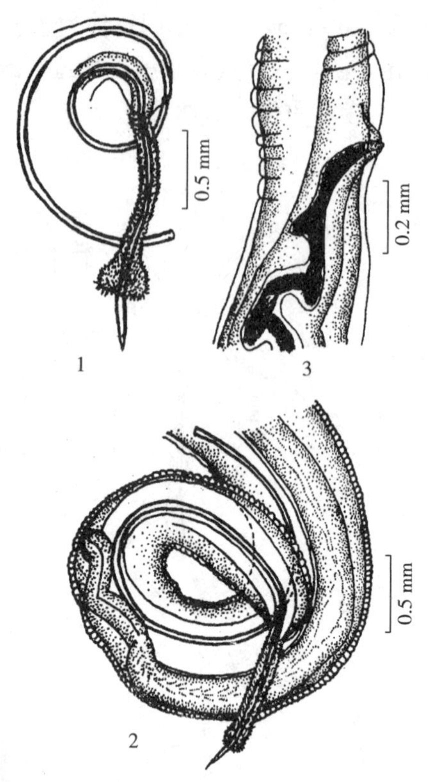

图 109　长刺鞭虫（*Trichuris longispiculus*）

1. 交合刺和交合刺鞘　2. 雄虫尾部　3. 雌虫阴门部分

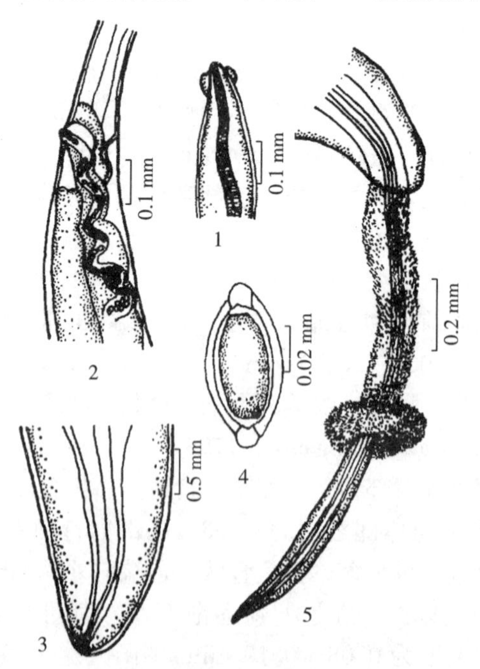

图 110　羊鞭虫（*Trichuris ovis*）

1. 成虫前部　2. 雌虫阴门部分　3. 雌虫尾端　4. 虫卵　5. 交合刺及鞘

（仿沈守训，1979）

111. 斯氏鞭虫　*Trichuris skrjabini* Baskakov，1924

形态结构：虫体分细的前部和粗的后部，形如鞭。雄虫体长为 36.00～65.60 mm、体中部最宽处为 0.68～0.77 mm。虫体前部与后部之比为 2∶1。交合刺 1 根，长为 0.84～1.50 mm。交合刺鞘呈圆筒状，其上有刺。雌虫体长为 60.00～75.40 mm，体前部宽为 0.20～0.24 mm，体后部宽为 0.70～0.78 mm。前部与后部之比为 3∶1。虫卵大小为（65.00～80.00）μm×（35.00～40.00）μm（图 111）。

宿主与寄生部位：牦牛、黄牛、绵羊、山羊、骆驼。盲肠、直肠。

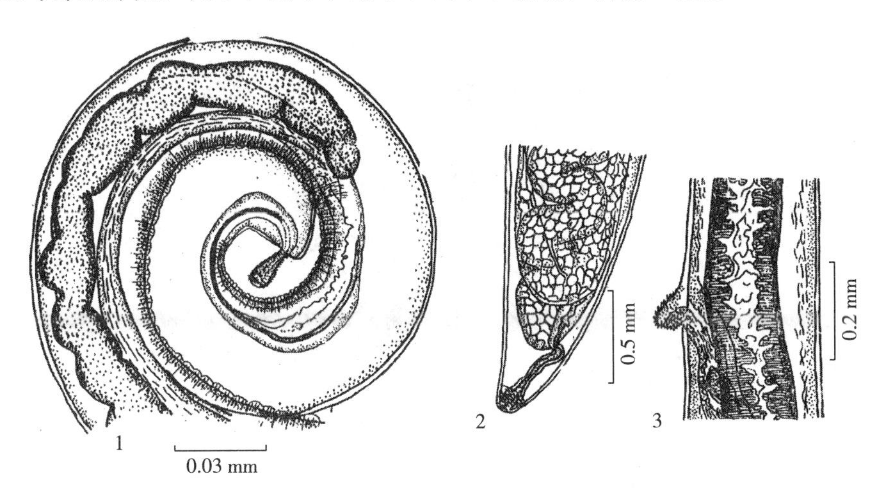

图 111　斯氏鞭虫（*Trichuris skrjabini*）
1. 雄虫尾部　2. 雌虫尾部　3. 雌虫阴门部分

112. 武威鞭虫　*Trichuris wuweiensis* Yang et Chen，1978

形态结构：虫体鞭状，呈乳白色。雄虫体长为 32.78～46.72 mm、最大宽度为0.41～0.53 mm。交合刺长为 2.03～2.39 mm，末端尖。交合刺鞘长为 0.56～0.68 mm，分有刺和无刺两部分，远端前方具膨大部分。近端有刺（长为 0.30～0.37 mm），远端无刺（长为 0.36～0.42 mm），其膨大部宽度为 0.04～0.05 mm。鞭部与体部长度之比为 1.7∶1。雌虫体长为 45.00～50.00 mm、最大宽度为 0.77～0.85 mm。阴门凸出，开口于食道与肠管交界处，前方具有细刺。阴道前部无细刺。尾部平直而钝。鞭部与体部长度之比为（2.1～2.2）∶1。虫卵大小为（54.00～58.00）μm×（33.00～37.00）μm（图 112）。

宿主与寄生部位：牦牛、绵羊。盲肠。

113. 兰氏鞭虫　*Trichuris lani* Artjuch，1948

形态结构：虫体鞭状。雄虫体长为 37.46～51.75 mm，鞭部体宽为 0.14～0.19 mm，体部宽为 0.48～0.69 mm。交合刺鞘长为 0.13～0.48 mm。交合刺最大宽度为 0.02～0.05 mm，远端稍钝。雌虫体长为 35.00～67.00 mm，鞭部体宽为 0.15～0.18 mm，体部宽为 0.60～0.80 mm。阴门开口于食道末端稍后处，呈结节状，有刺状凸起。肛门靠近虫体末端，尾端钝圆（图 113）。

鉴别特征：交合刺长为 2.60～4.60 mm。交合刺鞘呈管状，上有小刺。鞭部与体部长度之比：雄虫（1.44～1.63）∶1，雌虫（1.66～1.86）∶1。

宿主与寄生部位：牦牛。盲肠。

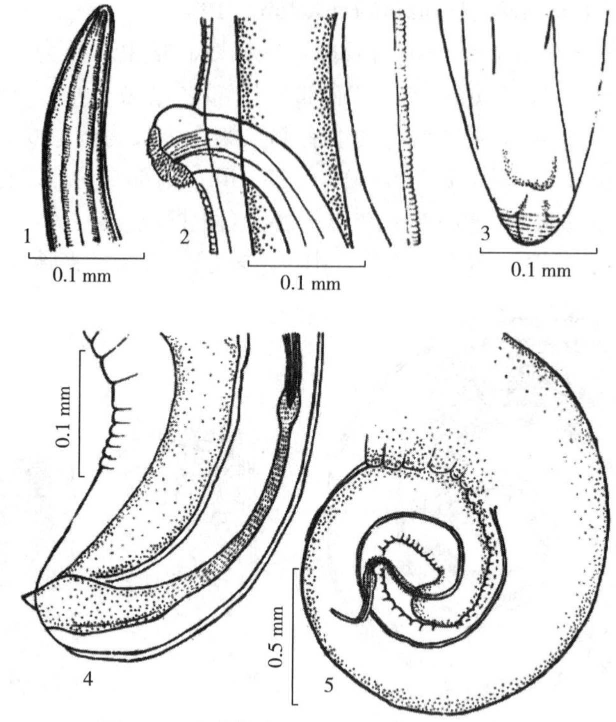

图 112　武威鞭虫（*Trichuris wuweiensis*）

1. 成虫前部　2. 雌虫阴门部　3. 雌虫尾端　4. 幼年成虫（♂）尾端　5. 雄虫尾端

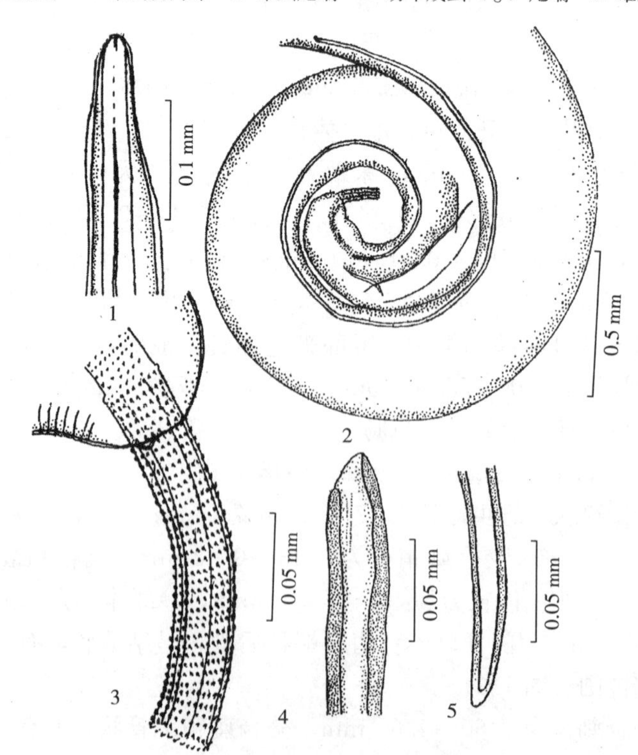

图 113　兰氏鞭虫（*Trichuris lani*）

1. 成虫前部　2. 雄虫尾部　3. 交合刺鞘　4. 交合刺始端　5. 交合刺远端

毛细科 Capillariidae Neveu-Lemaire, 1936

虫细长，前部细小，后部稍粗，食道细长，前部为肌质部，后部由单列的行列细胞组成。雄虫尾部钝。雌虫尾部钝圆，肛门位于体后，阴门位于体中部，后子宫，卵生。虫卵椭圆形，筒状，两端具塞。寄生于脊椎动物消化道或尿囊中。

毛细属 *Capillaria* Zeder, 1800

虫带状，食道肌质部比行列细胞部短许多。雄虫常有伞状翼膜，交合刺 1 根，细长，有光滑的刺鞘。阴门接近食道末端，其余特点同科。

114. 双瓣毛细线虫 *Capillaria bilobata* Bhalerao, 1933

形态结构：虫体细长，角皮具细横纹，体前部狭小，向后逐渐增大，体中部最宽。角皮具有杆状带，食道和肠连接处有 1 对腺细胞。雄虫体长为 10.10～16.50 mm、宽为 0.04～0.08 mm。食道长为 5.20～8.00 mm。亚尾端两侧具有翼膜，尾端有膨大的类圆形伞膜，伞膜分两部，左右伞肋分三叉。交合刺 1 根，细长，长为 0.19～0.24 mm，近端稍粗，末端细尖。鞘由一个似倒翻钟形的第 1 叶和 1 个似梨形的第 2 叶构成；鞘面平滑，无线纹和刺。雌虫体长为 14.00～21.30 mm、宽为 0.07～0.09 mm。食道长为 6.50～9.40 mm。阴门位于体中部前后，接近食道末端。肛门位于体亚末端。虫卵椭圆形，两端具有栓塞，大小为（33.00～53.00）μm×（14.00～21.00）μm（图 114）。

宿主与寄生部位：牦牛、黄牛、水牛、山羊。皱胃、小肠。

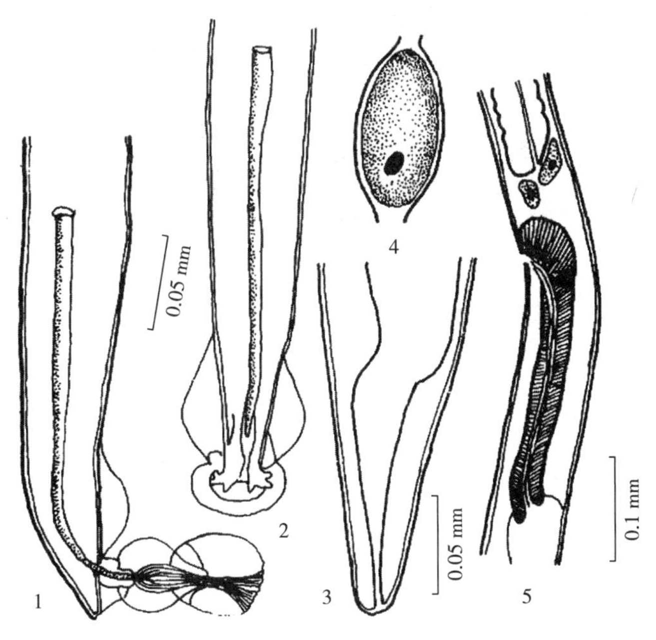

图 114 双瓣毛细线虫（*Capillaria bilobata*）
1. 雄虫尾部侧面观 2. 雄虫尾部腹面观 3. 雌虫尾部 4. 卵 5. 雌虫阴门部

115. 牛毛细线虫 *Capillaria bovis* Schnyder, 1906

同物异名：长颈毛细线虫 *Capillaria longicollis* Rudolphi, 1819

形态结构：虫体细长。雄虫体长为 11.90 mm、宽为 0.06 mm。体末端有伞膜，呈钟罩状，左右各一个弯曲的肋支持。交合刺 1 根，长为 1.09 mm。交合刺鞘长为 1.25 mm，上有细横纹。雌虫体长为 18.72～21.83 mm、宽为 0.08～0.10 mm。食道长为 6.68～8.12 mm。阴门处有膨大的角膜。虫卵呈椭圆形，两端有栓，大小为（45.00～52.00）μm×（22.00～30.00）μm（图 115）。

宿主与寄生部位：牦牛、黄牛、水牛、绵羊、山羊。皱胃、小肠。

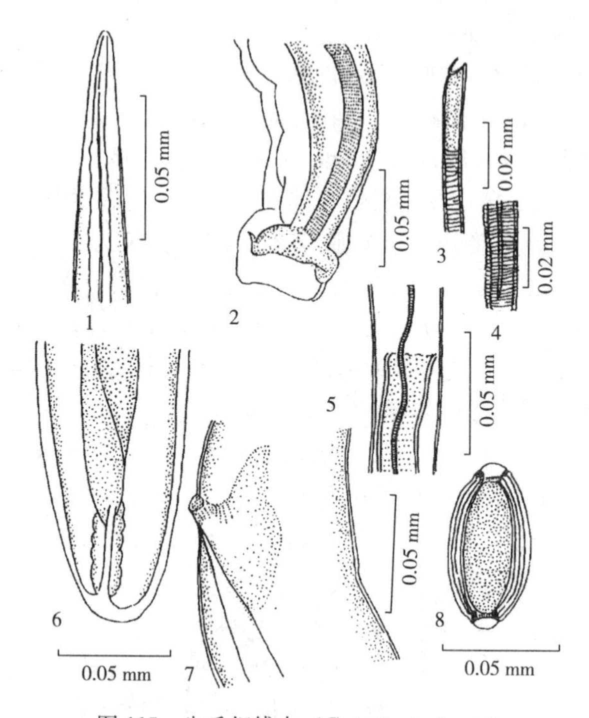

图 115　牛毛细线虫（*Capillaria bovis*）

1. 成虫前部　2. 雄虫尾端　3. 交合刺始端部分　4. 包在鞘内的交合刺尖端　5. 交合刺鞘始端部分　6. 雌虫尾端　7. 雌虫阴门部分　8. 虫卵

第五部分　节肢动物

PART Ⅴ：ARTHROPOD

节肢动物属节肢动物门，本部分包括1门、3纲、7目、13科、19属、36种节肢动物。

节肢动物门　Arthropoda von Siebold，　1848

两侧对称而分节，体壁由几丁质的外骨骼所组成，具有成对的分节附肢，有消化系统，前有口器，后有肛门，有不闭塞的血液循环系统，神经系统为具神经节组成的链条形，雌雄异体。

蛛形纲　Arachnida Lamarck，1815

虫体分为头胸部与腹部二部或二部合为一，口器具螯肢和须肢。有足4对，足腿节与胫节间有膝节。体被有表皮与柔软革质，在一定部位有骨化的几丁质板片或颗粒样结节。不完全变态。

寄形目　Parasitiformes Krantz，1978

躯体呈圆形或椭圆形，头、胸、腹连成一体，颚体凸出在躯体前或位于躯体腹面，为口器部分。如有眼为单眼或眼点。发育为不完全变态，可分为卵、幼虫、若虫和成虫4个阶段，成虫和若虫为4对足，幼虫为3对足。气门位于第1基节后。

硬蜱科　Ixodidae Murray，　1877

假头平伸于躯体前端，由基部、口下板各1个及螯肢和须肢各1对构成。须肢分4节，位于两侧，螯肢于中间上方，口下板于中间下方，其腹面有纵行齿列。体躯囊状，雄蜱背面是一块完整的骨化盾板，雌蜱仅背面前半部有盾板，足的跗节末端有爪及爪垫，生殖孔常位于足基节Ⅱ或Ⅲ的水平线上。气门1对，位于第Ⅳ基节后侧缘。

▶ **硬蜱属**　*Ixodes* Latreille，1795

假头长，假头基部呈梯形，无眼，无缘垛，体色为单一的深棕色，肛沟围绕肛门的前方。雄虫沿盾板周边有缘褶，腹面共有几丁质腹板7块，即生殖前板、中板、肛后板各1块，肛板和肛侧板各1对。足基节Ⅰ有个长而尖的距。

116. 卵形硬蜱　*Ixodes ovatus* Neumann，1899

同物异名：新竹硬蜱　*Ixodes shinchikuensis* Sugimoto，1937

形态结构：雄蜱体卵圆形，大小约为2.03 mm×1.15 mm，缘褶窄小。假头基前宽后窄，两侧缘内斜，后缘近于平直；基突付缺；表面有小刻点；须肢长度约为宽的2倍，中部最宽；假头基腹面中部隆起，靠后缘的腹脊扁锐，向后窄弧形凸出；耳状突付缺。口下板侧缘的齿细小。盾板长卵形；肩突粗短，颈沟浅而宽；刻点较粗，分布不均匀，表面有稀疏细长毛。生殖孔位于基节Ⅲ的水平。中板大，近五边形。肛板前窄后宽，似拱形，两侧显著外斜。肛侧板短。肛沟围绕肛门前方。气门板卵圆形，钝端向前，气门板位置偏前。足中等大小，基节Ⅰ内距短而钝，其长度等于或小于外距，与后缘连接，后外角窄长如距突，从背面可见；基节Ⅱ～Ⅳ无内距；基节Ⅳ有粗短外距。

雌蜱体卵圆形，靠后部最宽，未吸血的虫体大小约为 2.52 mm×1.26 mm，缘沟两侧明显，后端缺。假头基近五边形，前宽后窄，后缘向前稍弯；基突短小；孔区卵圆形，向内斜置；须肢长约为宽的 3 倍，外缘缺刻不齐；假头基腹面匀称，中部隆起，边缘扁平。颈沟末端约至盾板后1/3。盾板圆形或亚圆形，长宽约为（0.87～1.08）mm×（0.87～0.96）mm；肩突很短；刻点小，分布稀疏，靠后部稍密。生殖孔位于基节Ⅰ、Ⅳ之间的水平，生殖沟向后斜伸。肛沟前端窄，两侧显著外斜。气门板大，亚圆形，气门板位置偏前。足中等大小，各足基节宽显著大于长（按躯体方向）。Ⅰ内距短钝；基节Ⅱ无外距（图 116）。

宿主与寄生部位：牦牛、黄牛、犏牛、绵羊、山羊、马、猪、驴、斑羚、林麝、马麝、大熊猫。体表。

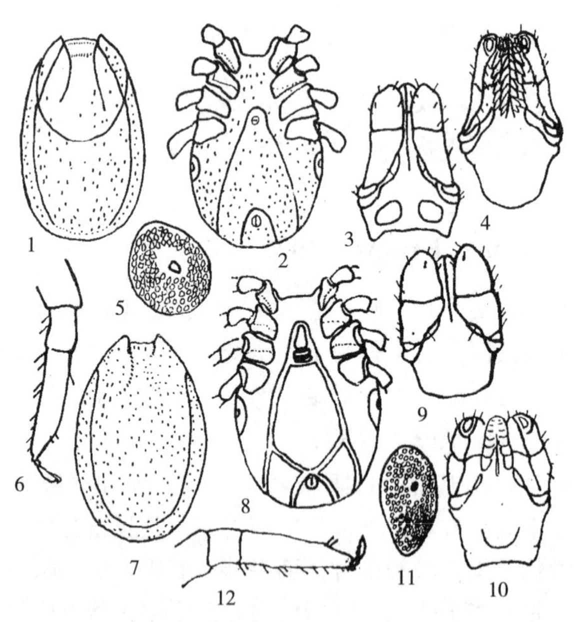

图 116　卵形硬蜱（*Ixodes ovatus*）

1～6. 雌虫　1. 躯体背面　2. 躯体腹面　3. 假头背面　4. 假头腹面　5. 气门板　6. 跗节Ⅳ

7～12. 雄虫　7. 盾板及缘褶　8. 躯体腹面　9. 假头背面　10. 假头腹面　11. 气门板　12. 跗节Ⅳ

（仿邓国藩，1978）

117. 拟蓖硬蜱　*Ixodes nuttallianus* Schulze，1930

同物异名：拟纳硬蜱

形态结构：雌虫假头基近三角形；基突短，孔区近梨形；须肢长，第 3 节长为第 2 节之半。口下板端部渐尖；齿式前部为 4/4，以后为 3/3。盾板前部 1/3 处最宽，前侧缘圆弧形，后侧缘近颈沟端处稍凹，后端宽圆。肩突尖部中等。颈沟浅。刻点中区后部较密。

生殖孔位于基节Ⅳ之间或稍前。肛沟前端圆钝，在肛门后不远处消失。气门板卵圆形。基节Ⅰ具有长而尖的内距；基节Ⅱ、Ⅳ有短的外距。各跗节亚端部中度收缩，内端部逐渐尖。各爪垫几乎与爪等长（图 117）。

宿主与寄生部位：牦牛、黄牛、犏牛、山羊、犬、鹿、麝。体表。

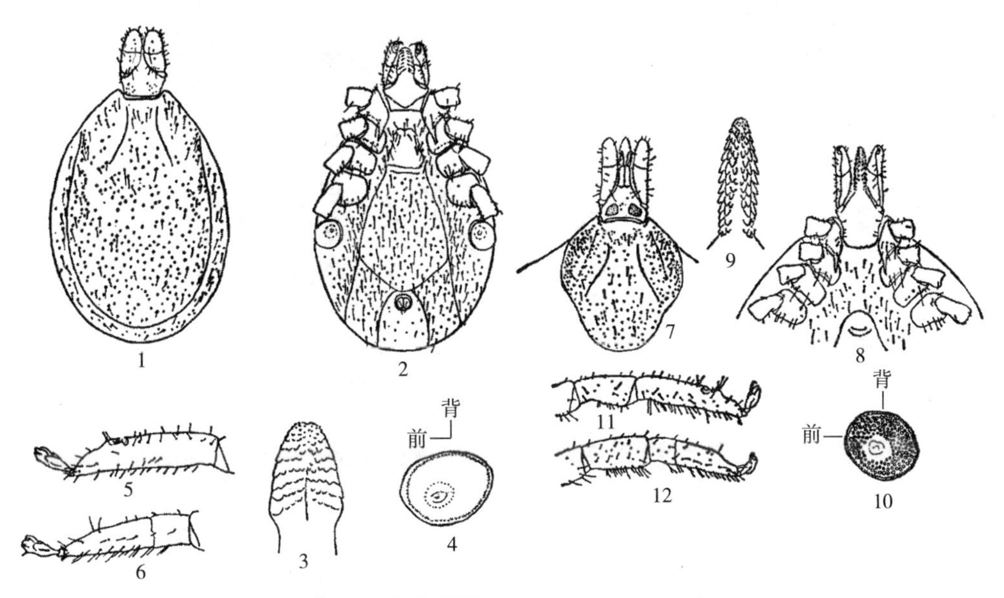

图 117　拟蓖硬蜱（*Ixodes nuttallianus*）

1～6. 雄虫　1. 假头及盾板　2. 腹面　3. 口下板　4. 气门板　5. 跗节Ⅰ　6. 跗节Ⅳ
7～12. 雌虫　7. 假头及盾板　8. 腹面前半部　9. 口下板　10. 气门板　11. 跗节Ⅰ　12. 跗节Ⅳ

血蜱属　*Haemaphysalis* Koch，1844

假头短，假头基部呈矩形，无眼，有 9～11 个缘垛，体色为单一深棕色，盾板上有许多刻点。肛沟围绕肛门后方，基节Ⅰ后缘不分叉。

118. 长须血蜱　*Haemaphysalis aponommoides* Warburton，1913

形态结构：雌蜱吸少量血的大小为 2.60 mm×1.70 mm。假头基宽而短，宽约为长的 2.4 倍，侧缘呈弧形凸出，后缘平，基突极其粗短，有时不明显。须肢窄而长，呈棒状，外缘与内缘几乎平行，第 1 节短，第 2 节与第 3 节长度比为 5∶3，第 3 节的腹刺付缺，第 4 节位于第 3 节腹面的端部。口下板与须肢约等长，齿式为 3/3。肩突短而圆；颈沟深，几乎平行，末端达盾板中后。盾板的长约为宽的 1.36 倍，后缘呈圆弧形。气门板呈逗点状，背突粗短，末端钝。生殖孔位于左右第 3 足基节之间。

雄蜱大小为 2.30 mm×1.60 mm。假头小，假头基的宽约为长的 2.3 倍，两侧缘呈弧形凸出，与后缘连续呈圆角，后缘平直；须肢粗短，呈棒状，第 2 节和第 3 节的长度略等，第 3 节腹刺付缺，第 4 节位于第 3 节末端腹面。口下板前端大，后端小，口下板齿式为 2/2。盾板呈卵圆形，肩突钝圆形；颈沟短，几乎平行，无侧沟；刻点粗细不均，分布较密。肛门呈略圆形，位于一几丁质板中部。在肛沟与生殖沟后段之间，有 1 对大的几丁质板，其上有较多刻点。气门板较大，呈长逗点形，末端稍钝。生殖锥位于第 2 足基节之间（图 118）。

宿主与寄生部位：黄牛、水牛、牦牛、马、绵羊、山羊、犬。体表。

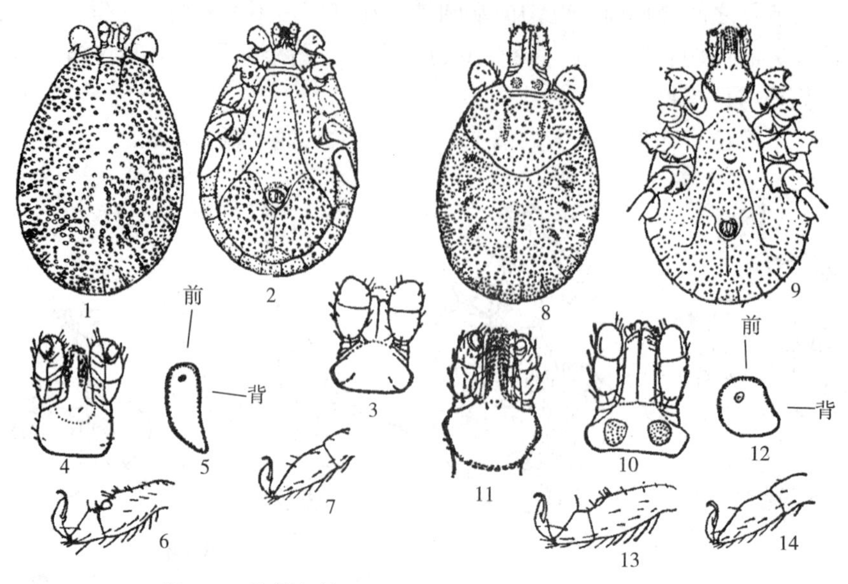

图 118　长须血蜱（*Haemaphysalis aponommoides*）

1～7. 雄虫　1. 假头及躯体背面　2. 假头及躯体腹面　3. 假头背面
4. 假头腹面口下板　5. 气门板　6. 跗节Ⅰ　7. 跗节Ⅳ
8～14. 雌虫　8. 假头及躯体背面　9. 假头及躯体腹面　10. 假头背面
11. 假头腹面　12. 气门板　13. 跗节Ⅰ　14. 跗节Ⅳ

119. 缅甸血蜱　*Haemaphysalis birmaniae* Supino，1897

形态结构：雌蜱大小约为 2.10 mm×1.20 mm。假头基的宽约为长的 2.3 倍，两侧缘平行，基突非常粗短；孔区大而深。须肢后外角向外略凸出，第 2 节的宽与长约等，第 3 节的宽大于长，末端超过第 2 节前缘。口下板比须肢略短，齿式为 4/4。盾板呈略圆形，宽稍大于长；颈沟短，达盾板中部；刻点浅，粗细不均，气门板呈卵圆形，背突粗短。

雄蜱大小为（1.90～2.10）mm×（1.20～1.30）mm，呈浅褐色。假头基的宽约为长的 2 倍，基突粗壮，末端钝。须肢粗短，后外角向外略凸出，第 3 节腹刺粗壮，末端超过第 2 节的前缘。口下板比须肢短，齿式为 4/4。盾板呈卵圆形，侧沟退化，有时呈现很短的浅陷，比第 1 缘垛的宽要短。颈沟短而深，刻点浅，细的较多。气门板小，呈短逗点形，背突较小，末端窄钝（图 119）。

宿主与寄生部位：牦牛、水牛。体表。

120. 日本血蜱　*Haemaphysalis japonica* Warburton，1908

形态结构：雌蜱未吸血个体大小为（2.65～3.01）mm×（1.64～1.86）mm。假头基宽而短，宽约为长的 2 倍，基突粗短而钝。孔区大，呈椭圆形。须肢粗短，第 2 节后外角明显凸出，外缘明显短于第 3 节外缘；第 3 节短，呈三角形，前端尖窄，后缘平直，腹刺粗短，约达第 2 节前缘。口下板须肢略短，齿式为 4/4。盾板呈亚圆形，大小为 1.20 mm×1.16 mm，刻点小而均匀。颈沟宽浅，末端达盾板长的 2/3。气门板呈短逗点形，背突圆钝。

雄蜱大小为（2.36～2.53）mm×（1.46～1.54）mm。假头基的宽约为长的 1.6 倍，呈三角形，长约等于基部的宽。须肢粗短，第 2 节后外角明显凸出，前外角短；第 3 节宽短，呈三角形，腹刺粗短。口下板短小，齿式为 5/5。盾板呈卵圆形，大小为（1.26～1.48）mm×1.53 mm，刻点小而密，分布均匀。颈沟短，侧沟明显。气门板呈短逗点形，背突窄而短小（图 120）。

宿主与寄生部位：牦牛、黄牛、犏牛、绵羊、山羊、马、驴。体表。

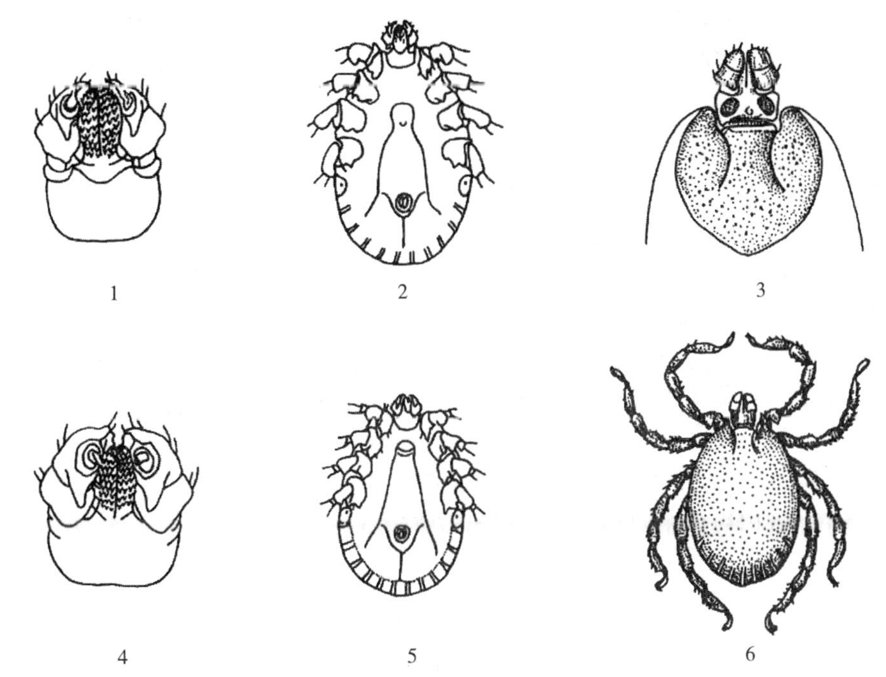

图 119　缅甸血蜱（*Haemaphysalis birmaniae*）

1. 雌虫假头腹面　2. 雌虫腹面　3. 雌虫假头及盾板　4. 雄虫假头腹面　5. 雄虫腹面　6. 雄虫背面

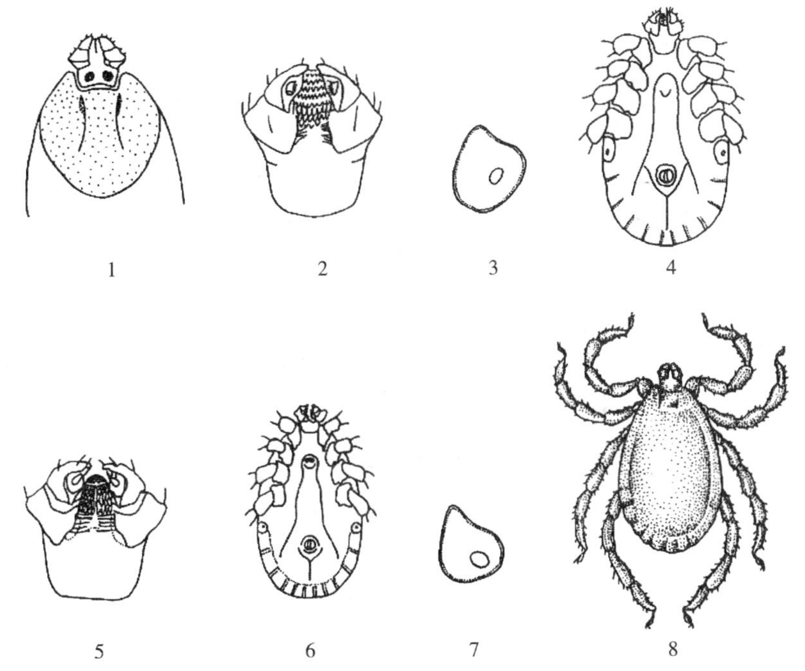

图 120　日本血蜱（*Haemaphysalis japonica*）

1. 雌虫假头和盾板　2. 雌虫假头腹面　3. 雌虫气门板　4. 雌虫腹面
5. 雄虫假头腹面　6. 雄虫腹面　7. 雄虫气门板　8. 雄虫背面

121. 青海血蜱 *Haemaphysalis qinghaiensis* Teng，1980

形态结构：雄蜱体大小为(2.70～2.90) mm×(1.50～1.60) mm。假头短，其基宽约为长的1.6倍，侧缘与后缘均直，表面分布有稀疏刻点；基突粗壮，长约等于基部之宽，末端略钝。须肢粗短，长约为宽的1.4倍，外缘不明显凸出，呈弧形。口下板压舌板形。齿冠发达，约占口下板长的1/4；齿式5/5，由内向外每纵列具齿7～9枚。盾板卵圆形，长约为宽的1.6倍，无色斑，在第1缘垛水平线处最宽；肩突略钝，侧沟深长适中，前端约达基节Ⅲ水平线，后端达第1缘垛；刻点明显而较密，分布大致均匀；缘垛分界明显。气门板长逗点形，背突窄短，气门板位置靠前。足略粗，基节Ⅰ内距锥形，末端稍钝。各跗节(尤其是跗节Ⅳ)较粗短，其背缘略隆起，爪垫也较短。颈沟较长而明显。肛沟围绕肛门之后。

雌蜱饱血个体大小约为10.50 mm×6.80 mm。假头短，假头基宽约为长的1.8倍，两侧缘平行，后缘平直；基突粗短，长小于基部之宽，末端钝。孔区较大而深，卵圆形，向前内斜。须肢外形与雄性相似，长约为宽的1.5倍。口下板将近达到须肢顶端，齿冠约占口下板长的1/4，齿式4/4，由内向外每纵列具齿8～10枚。盾板亚圆形，长约为宽的1.1倍，中部稍前处最宽；肩突钝短；刻点较粗，分布稀疏而不甚均匀。气门板略似椭圆形，背突短小，气门板位于中部偏前。足跗节略较窄长（图121）。

宿主与寄生部位：牦牛、黄牛、绵羊、山羊、马、驴、骡、兔。体表。

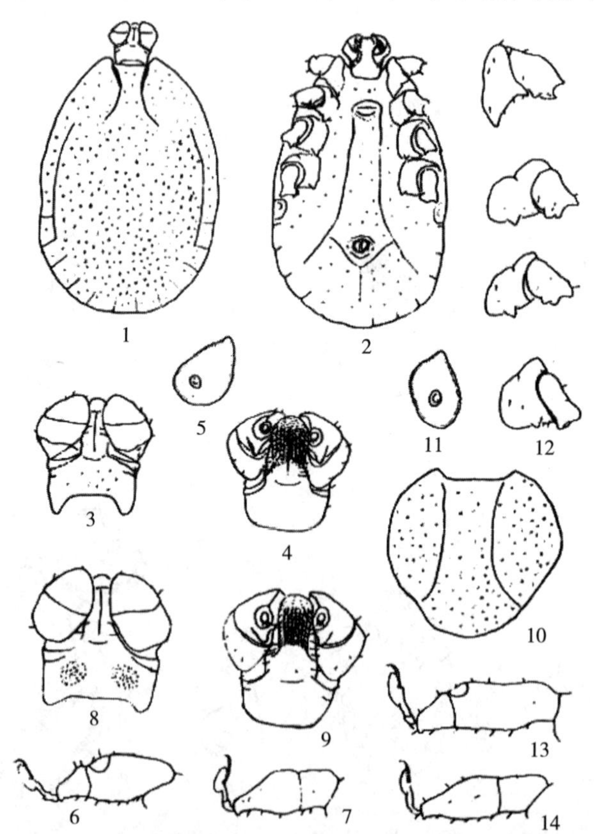

图121　青海血蜱（*Haemaphysalis qinghaiensis*）

1～7. 雄虫　1. 假头及盾板背面　2. 假头及躯体腹面　3. 假头背面　4. 假头腹面　5. 气门板　6. 跗节Ⅰ　7. 跗节Ⅳ
8～14. 雌虫　8. 假头背面　9. 假头腹面　10. 盾板　11. 气门板　12. 基节Ⅰ～Ⅳ　13. 跗节Ⅰ　14. 跗节Ⅳ

122. 汶川血蜱　*Haemaphysalis warburtoni* Nuttall, 1912

形态结构：雄虫体大小约为 2.80 mm×1.60 mm。假头基宽约为长的 1.14 倍；基突发达，三角形，末端尖；须肢粗短，长约为宽的 1.75 倍，外缘弧形，略超出假头基侧缘；假头基腹面短而隆起；口下板与须肢几乎等长；齿式前 2 排为 6/6，紧接 2 排为 5/5，以后 6～7 排均为 4/4，齿列由内向外渐长。盾板梨形，长约为宽的 1.5 倍，第 1 缘垛处最宽；表面扁平，中部两侧有 1 对长形浅陷，后部缘垛前有 3 个圆形小浅陷；侧沟长度中等，前端约达基节Ⅲ水平线，后端达第 2 缘垛；刻点浅，粗细不一，分布稀疏。气门板略似长方形，背突很短，宽三角形，末端钝。足粗壮，长度适中，各基节内距发达。

雌虫：初吸血标本体大小约为 3.50 mm×2.90 mm。假头基宽约为长的 2 倍，侧缘后端凸出，呈角状；基突三角形，长略小于基部宽，末端尖；孔区卵形，中等大小，向前内斜，间距宽；须肢棒状，长约为宽的 3 倍，两侧缘近于平行；假头基腹面宽短，表面隆起；口下板齿列由内向外渐长。盾板宽约等于长，前 1/3 处最宽，向后渐窄，后缘圆钝；刻点浅，少而分散，粗细很不均匀，生殖孔有盖叶覆盖。气门板近圆形，背突付缺。足粗壮，长度适中，各基节内距明显（图 122）。

鉴别特征：体型较小。须肢宽短，近似楔形。肛沟围绕肛门之后。盾板无色斑。雄蜱假头基基突呈三角形，长度约等于基部之宽度，末端尖细；侧沟明显，长度中等；口下板齿式主部为 4/4（总部为 6/6～5/5）。雌蜱盾板长度等于或略大于宽度；须肢第 3 节腹面具一粗短的刺；口下板齿式主部为 5/5（接近基部，为 4/4）；基节Ⅳ内距窄长末端稍尖。

宿主与寄生部位：牦牛、苏门羚、青羊、羚羊、绵羊。皮肤。

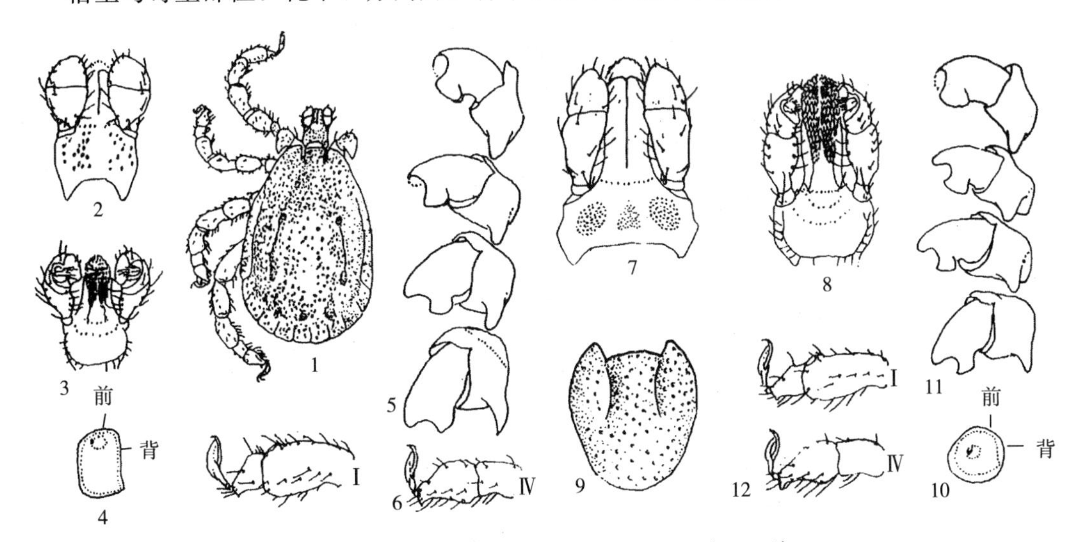

图 122　汶川血蜱（*Haemaphysalis warburtoni*）

1～6. 雄虫　1. 虫体背面　2. 假头背面　3. 假头腹面　4. 气门板　5. 基节及转节　6. 跗节Ⅰ、Ⅳ
7～12. 雌虫　7. 假头背面　8. 假头腹面　9. 盾板　10. 气门板　11. 基节及转节　12. 跗节Ⅰ、Ⅳ

123. 西藏血蜱　*Haemaphysalis tibetensis* Hoogstraal, 1965

形态结构：雄虫体大小约为 3.30 mm×1.80 mm，淡褐色，假头基宽约为长的 1.45 倍；基突呈三角形，末端尖细，表面散布少数刻点；须肢结实，假头基腹面略呈矩形；口下板长度与须肢约等；齿式 5/5，内侧齿列较短，具齿约 5 枚，外侧齿列具齿约 10 枚。盾板梨形，长约为宽的 1.5 倍，在气门板水平处最宽；侧沟窄，后端达第 2 缘垛，前端延至基节Ⅲ的水平；刻点少，细的与中等粗细的混杂，散布稀疏。气门板亚圆形，背突宽短，末端圆钝。足粗壮，各基节内距粗短。雌虫略吸血虫体大小约为 3.80 mm×2.10 mm，饱血虫体可达 10.50 mm×7.20 mm。假头基宽约为长的 2.3 倍，两侧缘中部外凸；基突付缺；孔区大而深，亚圆形；须肢窄长，长约为宽的 3 倍；假头基腹面呈球形；口下板长与须肢约等；齿式 4/4,各列齿数不一,由内向外 9 枚、12 枚、14 枚、14 枚。盾板长等于或略大于宽,在前 1/3 最宽;刻点大而稀少。气门板亚圆形,背突短而钝。足粗壮,各基节内距粗短(图 123)。

鉴别特征：体较小。肛沟围绕肛门之后。盾板无色斑。雄蜱假头基基突呈三角形，较短，长度明显小于其基部的宽度，末端尖细；侧沟明显，长度中等；口下板齿式为 5/5。雌蜱盾板长等于或略大于宽度；须肢第 3 节腹面具一粗短的刺；口下板齿式为 4/4；基节Ⅳ内距很短，略呈现脊状。

宿主与寄生部位：牦牛、黄牛、绵羊、犬。皮肤。

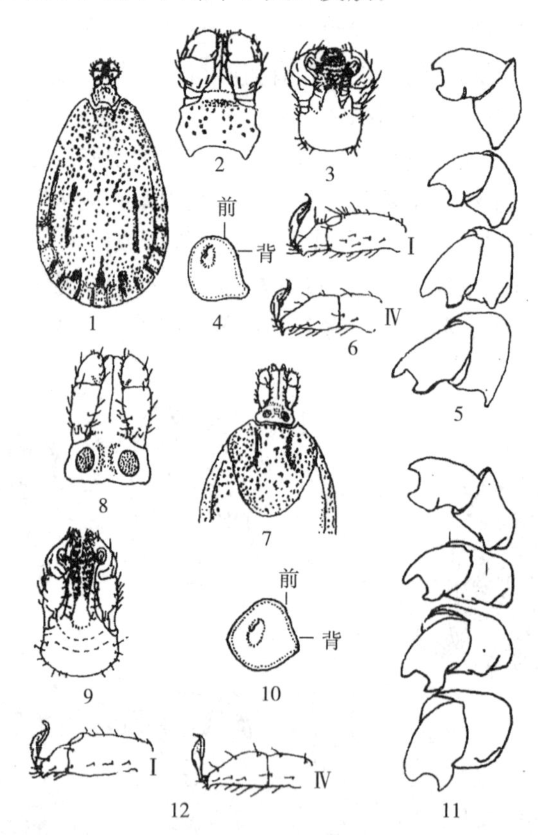

图 123　西藏血蜱（*Haemaphysalis tibetensis*）

1～6. 雄虫　1. 假头及盾板　2. 假头背面　3. 假头腹面　4. 气门板　5. 基节及转节　6. 跗节Ⅰ、Ⅳ
7～12. 雌虫　7. 假头及盾板　8. 假头背面　9. 假头腹面　10. 气门板　11. 基节及转节　12. 跗节Ⅰ、Ⅳ

124. 嗜麝血蜱　*Haemaphysalis moschisuga* Teng, 1980

形态结构：雄蜱体型狭长，全长为 2.60～2.90 mm（包括假头），宽为 1.40～1.50 mm。假头短；假头基宽约为长的 1.6 倍（包括基突），两侧缘略直，中段有一浅缺刻，后缘平直，表面有稀少刻点；基突发达，三角形，长约等于其基部之宽，末端尖细。须肢粗短，长约为宽的 1.6 倍；第 2 节长约等于宽，后外角略为凸出，呈角状，外缘略直，与第 3 节外缘连接，内缘刚毛 2 根，腹面内缘刚毛 3～4 根；第 3 节宽短，腹面的刺短锥形，末端约达第 2

节前缘，腹面内缘刚毛1根。口下板较须肢短，前端圆钝；齿冠约占口下板长的1/4；齿式5/5，由内向外每纵列7～9枚齿。盾板窄长，长约为宽的1.75倍，在气门板后缘的水平处最宽。肩突钝，缘凹深度中等。颈沟浅弧形，前段深陷，向后内斜，后段很浅，向后外斜，末端约达基节Ⅲ水平线。侧沟细浅，靠近盾板侧缘，前端约及基节Ⅲ后缘水平线，后端与气门板后缘处于同一水平线。刻点粗细适中，分布均匀而密。缘垛窄长，分界明显。气门板略呈圆角四边形，背突短钝；气门斑位置靠前。足略粗壮。基节Ⅰ内距锥形，长度适中，末端略尖；基节Ⅱ～Ⅳ内距较粗壮，三角形，末端超出各该节后缘。转节Ⅰ背距长三角形，末端尖细；转节Ⅰ～Ⅳ腹面各具一短距，钝形。股节Ⅳ腹面内缘刚毛有9～10根，其长约为该节宽度之半。跗节较粗短，亚端部背缘斜削，腹缘末端具一小齿。爪垫发达，几乎达到爪的末端。

雌蜱初吸血个体大小约为2.60 mm×1.40 mm，饱血个体约为7.90 mm×4.80 mm。假头短；假头基宽约是长的2倍（包括基突），两侧缘平行，中段有一浅缺刻，后缘平直；基突短三角形，长略小于其基部之宽，末端略钝。孔区大而明显，椭圆形，向前内斜，间距约等于其长径。须肢长约为宽的2倍；第2节长与宽约等，后外角略凸出，外缘较直，与第3节外缘约等长，内缘刚毛2根，腹面内缘刚毛3～4根；第3节腹面的刺粗短，末端约及该节后缘，腹面内缘刚毛2根。口下板较须肢稍短，压舌板形；齿冠约占据齿部长的1/4；齿式4/4，由内向外每纵列具齿7～9枚。盾板亚圆形，长约等于宽，中部最宽。肩突圆钝，缘凹宽浅。颈沟浅弧形，前段窄深，向后内斜，后段宽浅，向后外斜，末端超过盾板长的2/3。刻点较粗，稀密适中，大致均匀。气门板亚圆形，背突短钝；气门斑位于中部略靠前下方。生殖孔位于基节Ⅱ之间，生殖帷宽短，呈“U”形，两侧缘向前略外斜。足粗细适中。基节Ⅰ内距短锥形；基节Ⅱ～Ⅳ内距较基节Ⅰ的粗壮而长尖，末端明显超出各该节后缘。转节Ⅰ背距三角形，末端尖窄；转节Ⅰ～Ⅳ腹距短钝。股节Ⅳ腹面内缘刚毛8～10根，其长约为该节宽度之半。跗节亚端部背缘斜削，腹缘末端有小齿。爪垫将近达到爪端（图124）。

宿主与寄生部位：牦牛、林麝。皮肤。

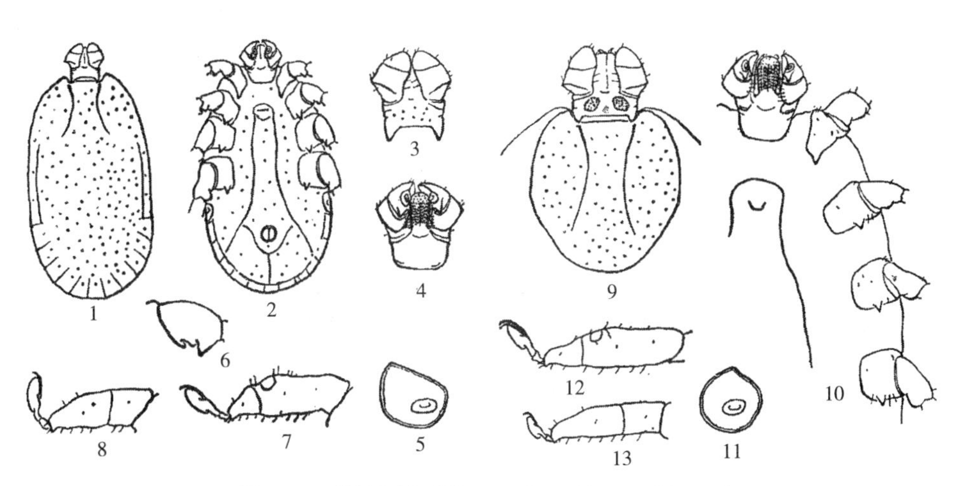

图124　嗜麝血蜱（*Haemaphysalis moschisuga*）

1～8. 雄虫　1. 假头及躯体背面　2. 假头及躯体腹面　3. 假头背面　4. 假头腹面　5. 气门板　6. 转节Ⅰ背面　7. 跗节Ⅰ　8. 跗节Ⅳ

9～13. 雌虫　9. 假头及盾板　10. 假头及躯体腹面一部分　11. 气门板　12. 跗节Ⅰ　13. 跗节Ⅳ

革蜱属 *Dermacentor* Koch, 1844

假头短，假头基部矩形，须肢短粗，眼扁平，有 11 个缘垛，盾板有珐琅斑，呈图案花纹。肛沟围绕肛门后方，雄虫腹面无几丁质腹板。基节Ⅰ分叉明显，距裂深，形成大的内距和外距，转节Ⅰ背面后缘有距，呈三角形。

125. 阿坝革蜱 *Dermacentor abaensis* Teng, 1963

形态结构：雄蜱体略呈长卵形，大小约为 4.40 mm×2.90 mm，珐琅彩明显。假头短，假头基矩形，宽度约为长度的 1.5 倍；珐琅彩浓厚，除基突外覆盖全部表面，刻点小，靠前稍密。基突短粗，末端钝。须肢外缘圆弧形。盾板珐琅彩鲜明，前部在眼周缘及从颈沟向后留下底色褐斑，在后者末段外侧还有轮廓不定的长褐斑；眼后两侧缘珐琅彩延至第 1 缘垛前缘；中部 3 条珐琅彩较短；后部珐琅彩 2 对，与缘垛相连；刻点粗细不一，中部的一般较粗；缘垛大小不等，表面有大小不等的珐琅斑；眼圆形，略凸出。气门板长逗点形，背突逐渐细窄向后斜伸，末端接近盾板边缘。足Ⅰ～Ⅳ逐渐粗壮，除跗节外各节背面有浅珐琅彩。

雌蜱饱血虫体椭圆形，大小约为 10.50 mm×7.10 mm，假头基宽度为长度的 2.2～2.4 倍，珐琅彩浅；孔区卵圆形，大而深凹，基突短而圆钝；各足基节无珐琅斑，盾板在细刻点之间有少数粗刻点混杂，基节Ⅰ外距末端尖细。须肢粗短，前端略微凸出；刻点小而稀疏。盾板略呈圆形，后侧缘呈微波状弯曲；珐琅彩较浓，但中部靠后色彩稍浅；刻点小型居多，中型的较少，二者混杂分布，靠近后侧缘相当稀少；眼圆形，略微凸出。生殖孔有翼状突。气门板逗点形，背突明显伸出，末端稍尖。各足粗细相似（图 125）。

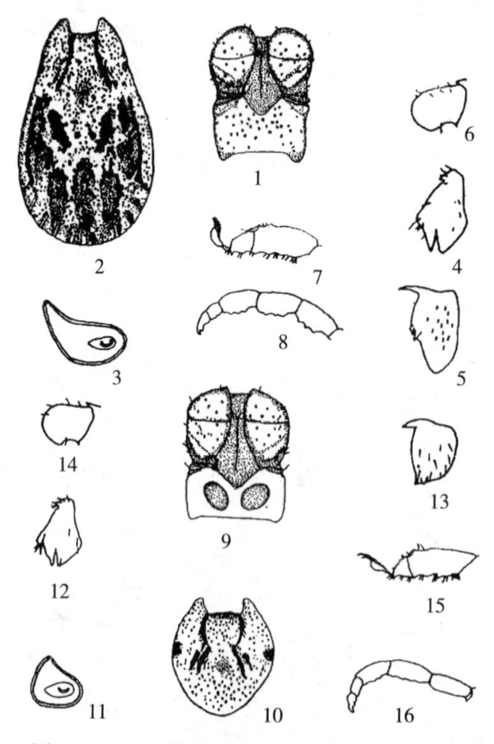

图 125 阿坝革蜱（*Dermacentor abaensis*）

1～8. 雄虫 1. 假头背面 2. 盾板 3. 气门板 4. 基节Ⅰ 5. 基节Ⅳ 6. 转节Ⅰ 7. 跗节Ⅰ 8. 足Ⅳ
9～16. 雌虫 9. 假头背面 10. 盾板 11. 气门板 12. 基节Ⅰ 13. 基节Ⅳ 14. 转节Ⅰ 15. 跗节Ⅰ 16. 足Ⅳ
（仿邓国藩，1978）

宿主与寄生部位：牦牛、犏牛、绵羊、马。体表。

126. 草原革蜱　*Dermacentor nuttalli* Olenev，1928

形态结构：雄蜱体呈卵圆形，大小约为 6.20 mm×4.40 mm，以气门板前最宽。假头短，假头基宽度约为长度的 1.5 倍，矩形；基突短小，须肢外缘呈圆弧形。盾板上有银白色珐琅斑，盾板珐琅彩一般较浅，前侧部及中部色彩较浓，靠近缘垛极不明显；表面上粗细刻点混杂，分布不够均匀。眼略微凸出，位于盾板侧缘。气门板逗点形，背突较直而短，不达到盾板边缘。足强大，除跗节外各节背面均有珐琅彩。转节Ⅰ背距圆钝，Ⅰ～Ⅳ基节渐次增大，基节Ⅳ外距不超出后缘。

雌蜱饱血个体大小达 17.00 mm×11.00 mm。假头基矩形，宽为长的 2 倍，后缘平直，基突很短或不明显；孔区卵圆形，向外斜置；须肢粗短，外缘弧度大，背腹面均无刺。盾板大，似长圆多角形；珐琅彩浓厚，覆盖盾板大部表面；刻点小，分布大致均匀，夹杂有少数大刻点；眼圆形，略凸出。生殖孔有翼状突。气门板椭圆形，背突极短而钝。足粗细中等。除跗节外各节背面有珐琅彩（图 126）。

宿主与寄生部位：牦牛、黄牛、犏牛、马、驴、骆驼、绵羊、山羊、犬、兔。体表。

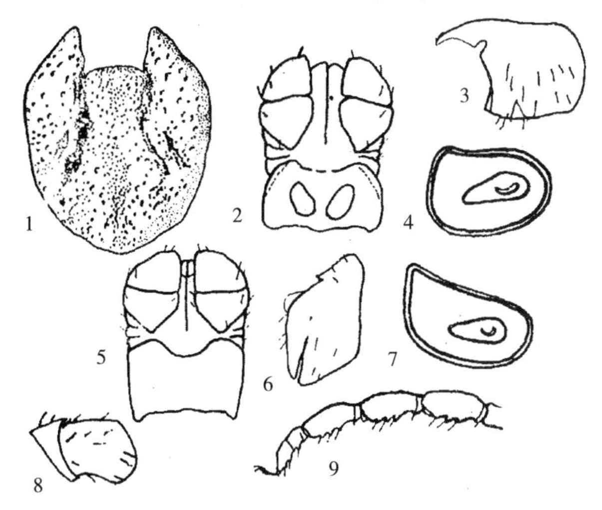

图 126　草原革蜱（*Dermacentor nuttalli*）

1～4. 雌虫　1. 盾板　2. 假头背面　3. 基节Ⅳ　4. 气门板

5～6. 雄虫　5. 假头背面　6. 基节Ⅰ　7. 气门板　8. 转节Ⅰ　9. 足Ⅳ

127. 森林革蜱　*Dermacentor silvarum* Olenev，1931

形态结构：雄蜱大小约为 3.50 mm×2.90 mm。假头短，基部宽约为长的 1.5 倍，两侧缘几乎平行，基突发达，长约等于其基部之宽，末端钝；须肢粗短，外缘圆弧形。背甲卵圆形，在气门板的水平处最宽，向前渐窄，珐琅彩不明显，颈沟短且深。侧沟浅，夹杂有粗细刻点。气门板为长逗点状。背突向背面弯曲，末端伸达盾板边缘。足强大。基节Ⅰ外距稍长于内节，末端尖窄。转节Ⅰ背距显著凸出，末端尖细；基节Ⅳ外距末端超出该节后缘。

雌蜱大小约为（3.90～4.60）mm×（2.40～2.90）mm，饱血后可达 13.50 mm×10.00 mm。假头短，基部矩形，其宽为长的 2 倍，后缘平直。基突短宽而钝，孔区小，呈卵圆形，向外斜置，间距小于其短径。口下板前段齿式为 4/4，后为 3/3。须肢粗短，外缘圆弧形。背甲略呈圆形，大部分表面有珐琅彩，在颈沟周围及其后方留下 2 对明显的条状褐斑。背甲侧缘及眼周围也呈现底色褐斑。颈沟短、深陷、生殖孔有翼状突。气门板逗点形，背突短钝，足较粗（图 127）。

宿主与寄生部位：牦牛、黄牛、绵羊、山羊、马、骆驼、猪、犬、兔。体表。

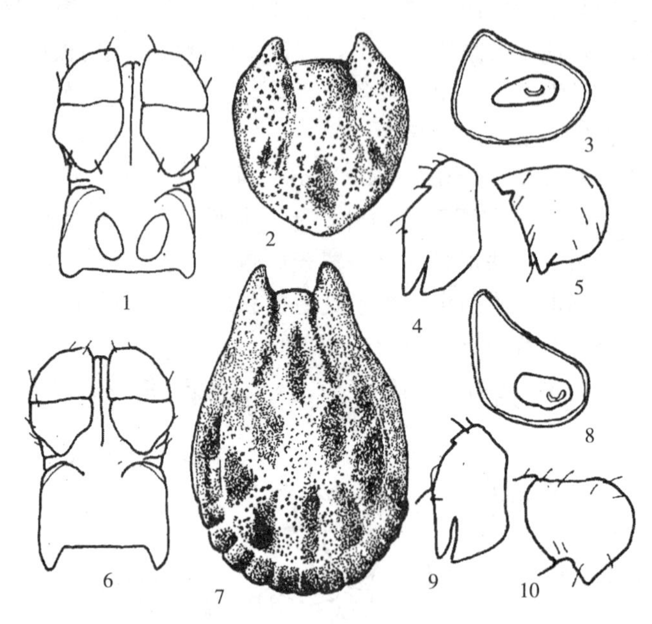

图 127　森林革蜱（*Dermacentor silvarum*）

1～5. 雌虫　1. 假头背面　2. 盾板　3. 气门板　4. 基节Ⅰ　5. 基节Ⅳ

6～10. 雄虫　6. 假头背面　7. 盾板　8. 气门板　9. 基节Ⅰ　10. 转节Ⅰ

128. 银盾革蜱　*Dermacentor niveus* Neumann，1897

形态结构：雄蜱大小约为（5.00～5.40）mm×（2.80～3.30）mm（包括假头）。假头基略似方形，表面有明显的珐琅彩和刻点；基突发达。盾板前部渐窄，后部宽圆；表面珐琅彩前部与中部最浓，后部 2 对彩斑与缘垛连接。颈沟明显，前端深陷，然后渐平。侧沟较宽而长，混杂有粗刻点，末端约达第 1 缘垛前角。气门板呈逗点形，背突较长而窄，向背方弯曲，背缘有明显的几丁质增厚部，其上带珐琅彩。足背面有珐琅彩；基节Ⅰ外距比内距稍短；基节Ⅳ向后方显著伸长；外距也较长，末端超出该节后侧缘。第 4 对足，股节和胫节各具有 3 个发达的腹齿。

雌蜱大小约为（5.00～5.20）mm×（3.50～4.00）mm（包括假头）。假头基矩形，后缘平直，珐琅彩明显覆盖大表面。孔区大而深陷，卵圆形，向外斜置。盾板近心形，在中部稍前最宽，前侧缘弧形或略呈波状，后侧缘向后渐窄，琅彩浓厚；覆盖几乎全部表面。颈沟明显，前端深陷，后半部较浅，呈“八”字形。生殖孔有翼状突。气门板逗点形，背突窄细而弯曲，背缘有几丁质增厚部，其上有珐琅彩。足背面有珐琅彩。基节Ⅰ较粗壮，外距比内距短。基节Ⅱ～Ⅳ外距尖齿状，大小接近，基节Ⅳ外距略向外弯，末端超出该节后侧缘（图 128）。

宿主与寄生部位：牦牛、绵羊、山羊、马、骆驼、驴。体表。

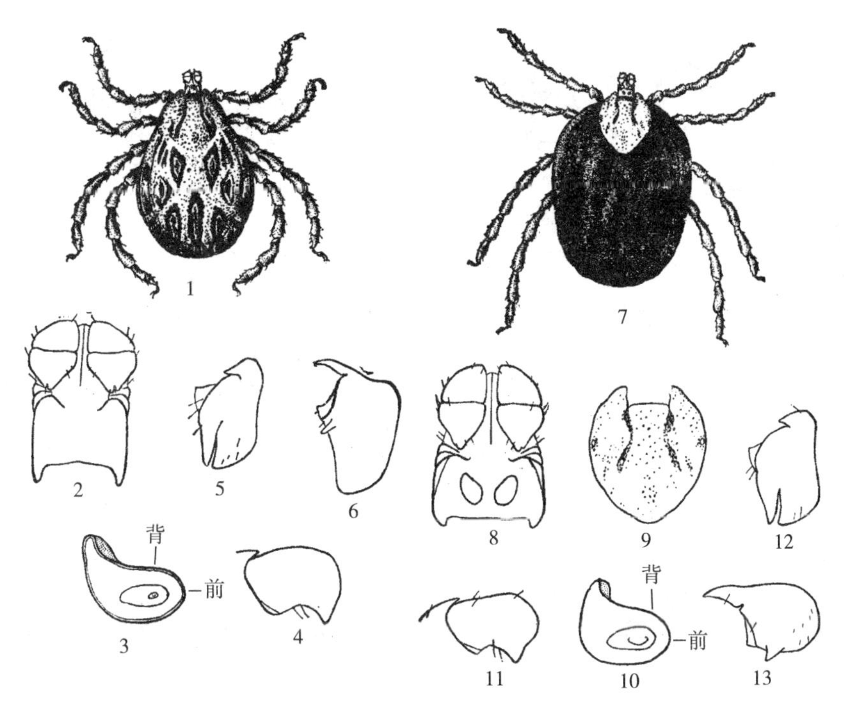

图 128　银盾革蜱（*Dermacentor niveus*）

1～6. 雄虫　1. 背面观　2. 假头背面　3. 气门板　4. 转节Ⅰ　5. 基节Ⅰ　6. 基节Ⅳ
7～13. 雌虫　7. 背面观　8. 假头背面　9. 盾板　10. 气门板　11. 转节Ⅰ　12. 基节Ⅰ　13. 基节Ⅳ

129. 高山革蜱　*Dermacentor montanus* Filippova et Panova，1974

形态结构：雄蜱体卵圆形，大小约为 4.20 mm×2.60 mm（包括假头基）。假头基矩形，两侧平行，具发达的基突。须肢宽短，第 2 节背面后缘有小短刺，外缘较直，内缘浅弧形，第 3 节近三角形。盾板前部渐窄，后部宽圆。珐琅彩在前侧和中侧较浓，后部较浅，多处露出褐色条斑。颈沟前端深陷，后部极浅而向外斜。侧沟明显，由假盾区向后延至第 1 缘垛前边。中垛最窄，前垛最宽。盾窝较大而明显。气门板近长卵形，背突不明显或仅有小小的凸起。足较粗长。基节Ⅰ外距与内距等长或稍短，基节Ⅱ、Ⅲ外距宽短，齿状。基节Ⅳ外距较细窄，末端超过该节后侧缘。转节Ⅰ背距发达，末端尖细。第Ⅱ～Ⅳ胫节和前跗节（按基节方向）各具有一粗大的腹距。

雌蜱体卵圆形，大小约为 4.50 mm×3.00 mm（包括假头基）。孔区卵圆形。须肢宽短，其后缘有粗短的背刺，第 3 节宽稍大于长，近梯形。盾板近心形，长大于宽。珐琅彩浓厚，除在颈沟处留下成条的褐斑外，几乎覆盖全部表面。盾板表面散布刻点，粗点较少。生殖孔无翼状突。气门板近椭圆形，无明显背突。足较粗长。基节Ⅰ外距比内距稍长。转节Ⅰ背距发达，末端尖细。第Ⅱ～Ⅳ胫节和前跗节（按基节方向）各具有一粗大的腹距（图 129）。

宿主与寄生部位：牦牛、山羊、绵羊。体表。

130. 巴氏革蜱　*Dermacentor pavlovskyi* Olenev，1927

也称为胫距革蜱。

形态结构：雄蜱体卵圆形。假头基矩形，宽度约为长度（包括基突）的 1.4 倍；部分表面带珐琅彩；两侧缘近于平行，后缘微凹；基突强大，其长大于或等于基部之宽，末端略钝。须肢宽短，长大于宽，约 1.3∶1；第 2 节后缘有短小背刺；第 3 节近三角形，较

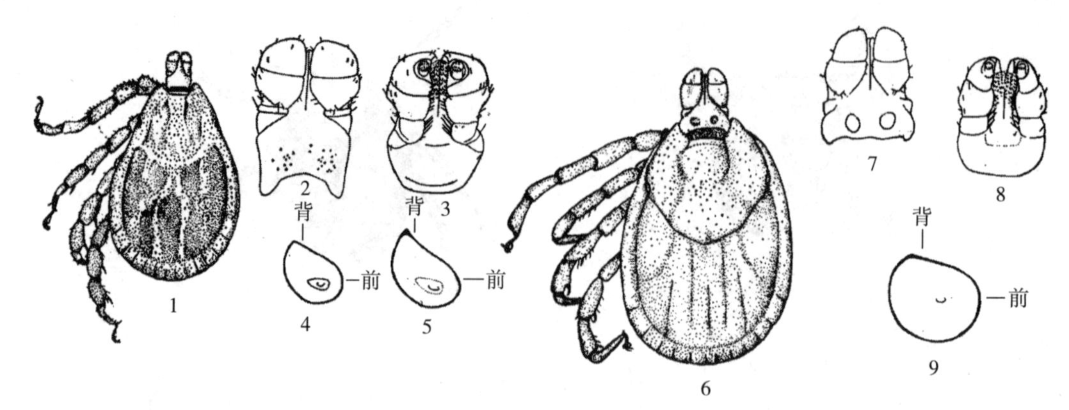

图 129　高山革蜱（*Dermacentor montanus*）

1～5. 雄虫　1. 背面观　2. 假头背面　3. 假头腹面　4、5. 气门板的变异

6～9. 雌虫　6. 背面观　7. 假头背面　8. 假头腹面　9. 气门板

第 2 节稍短。口下板齿式 3/3。盾板前部渐窄，后部宽圆；珐琅彩相当明显，侧缘的彩斑自肩突延伸至第 1 缘垛前缘，后部 2 对彩斑与缘垛连接。颈沟前端深陷，后部浅平而外斜。侧沟不明显，自假盾区后延至第 1 缘垛前角，部分由刻点组成。缘垛宽窄不一，由外向内渐窄，每一缘垛带珐琅彩斑。表面遍布细刻点和一些粗刻点。眼位于盾板边缘，约在基节Ⅱ的水平线。气门板长逗点形，背突窄，末端钝。足较雌蜱强大，背面有珐琅彩。基节Ⅰ外距粗壮，较内距稍短。基节Ⅱ、Ⅲ后内角细窄，其外距窄长，末端略尖。基节Ⅳ外距稍大，末端超过该节后侧缘。转节Ⅰ背距发达，末端尖细。转节Ⅱ～Ⅲ有短小的腹距。足Ⅱ～Ⅳ胫节和后跗节端部各有一强大腹距。

雌蜱体卵圆形，中等大小。假头基矩形，宽约为长的 2 倍，两侧缘近平行，后缘中间有微凹，基突粗短，末端钝，须肢宽短，须肢第 3 节背面近似三角形。孔区亚圆形，间距小于其长径。颈沟后部外斜，表面刻点遍布，并有少数粗刻点，盾板近心形，长大于宽。珐琅彩浓厚，生殖孔无翼状突。气门板逗点形，背突明显，末端尖细。足粗细适中，基节Ⅰ外距比内距稍长，末端尖细，足Ⅱ～Ⅳ胫节和后跗节端部各具有一强大的腹距（图 130）。

宿主与寄生部位：牦牛、绵羊、山羊、马、骆驼。体表。

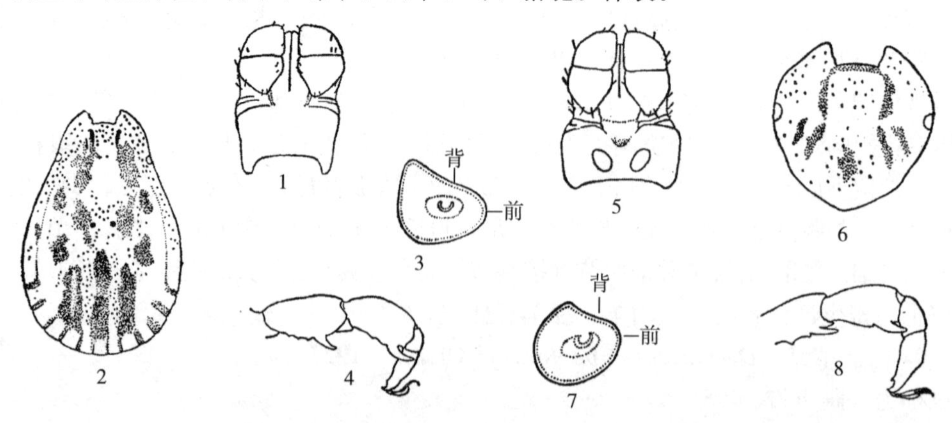

图 130　巴氏革蜱（*Dermacentor pavlovskyi*）

1～4. 雄虫　1. 假头背面　2. 盾板　3. 气门板　4. 足Ⅳ末三节

5～8. 雌虫　5. 假头背面　6. 盾板　7. 气门板　8. 足Ⅳ末三节

璃眼蜱属　Hyalomma Koch，1844

假头长，假头基部近似矩形，无侧角，须肢长而细，眼大，呈半球形，周缘有陷窝。有11个缘垛，中垛色较淡。盾板上有许多刻点，肛沟围绕肛门后方，雄蜱有肛侧板和副肛侧板各1对，或尚有肛下板1～2对。足基节Ⅰ分叉显著，距裂深，形成大的内距和外距。

131. 残缘璃眼蜱　*Hyalomma detritum* Schulze，1919

形态结构：为大型蜱。须肢窄长。盾板表面光滑，刻点稀少。眼相当明显，半球形，位于眼眶内。足细长，褐色或黄褐色，背缘有浅黄色纵带，各关节处无淡色环带。雄蜱背面中垛明显，淡黄色或与盾板同色；后中沟深，后缘达到中垛；后侧沟略呈长三角形。腹面肛侧板略宽，前端较尖，后端圆钝，下半部侧缘略平行，内缘凸角粗短，比较明显；副肛侧板末端圆钝；肛下板短小；气门板大，曲颈瓶形，背突窄长，顶突达到盾板边缘。雌蜱背面侧沟不明显；气门板逗点形，背面向背方明显伸出，末端渐窄而稍向前。二宿主蜱（图131）。

宿主与寄生部位：牦牛、黄牛、绵羊、山羊、马、驴、骡、骆驼、猪、犬。体表。

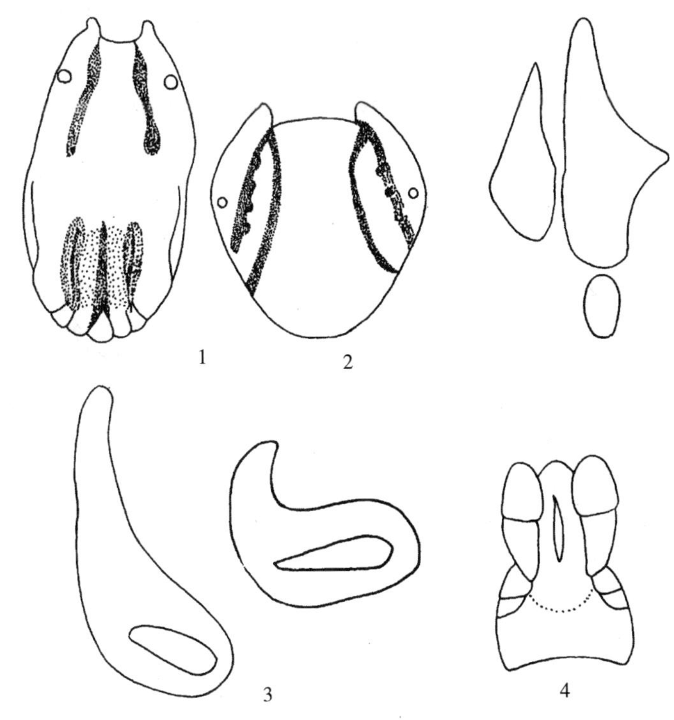

图131　残缘璃眼蜱（*Hyalomma detritum*）

1. 盾板　2. 腹板　3. 气门板　4. 假头背面

132. 亚洲璃眼蜱　*Hyalomma asiaticum* Schulze et Schlottke，1929

形态结构：雄蜱体中等大小，长为4.30～5.50 mm（包括假头），宽为2.40～3.20 mm。假头长。假头基两侧缘略凸出，后缘呈角状内凹；基突粗大而钝。须肢略长；第2节、第3节两侧缘近平行，其长约为宽的2.7倍。盾板卵圆形，前部渐窄，后缘钝圆；赤褐色至暗褐色；表面平滑有光泽。刻点非常稀少，仅在前侧部及颈沟之间有较多的粗刻点；在后中沟与后侧沟之间有很浅的细刻点密集，有时不甚明显。颈沟长而深，十分显著，延伸至盾板中部稍后。侧沟短而深，相当明显，其前或有少数粗刻点连接。后中沟窄，有时很浅，末端不达到中垛；后侧沟呈不规则的凹陷，向后与缘垛相连。中垛呈明亮的淡黄色或暗褐色，三角形或长方形。肛侧板窄长，前端尖窄，后端圆钝，内缘有发达的凸角，相当尖细；副肛侧板常型；肛下板小，位于肛侧板下方。气门板曲颈瓶形，背突窄长，向背后方斜伸，其后缘在基部较直，末端略上翘。足按足序渐粗，以足Ⅳ最强大；黄褐色或赤褐色，肢节在关节处有明亮淡黄色环带，背缘也有同样淡色的纵带。基节Ⅰ外距窄长；基节Ⅱ～Ⅳ外距粗短，按足序渐小。爪垫短小，不及爪长之半。

雌蜱体中等大小，未吸血个体长为 4.70～5.80 mm（包括假头），宽为 2.70～3.50 mm。假头长。假头基侧缘略凸出，后缘近于直，基突付缺。孔区小，窄卵形，间距等于或略小于其短径，当中有隆脊分隔。须肢窄长，第 2 节、第 3 节两侧缘大致平行，其共长约为宽的 3 倍。盾板椭圆多角形，长大于宽，后缘尖窄，略呈角状；亮褐色至暗褐色，在颈沟之间色较浅。刻点相当稀少，仅在前侧部粗刻点较多而明显。颈沟深而长，相当明显，末端达盾板后侧缘。侧沟发达，呈斜褶痕形，延伸至盾板后侧缘。眼半球形凸出，约在盾板中部的水平。生殖锥舌形。气门板逗点形，背突细窄，向背方弯曲，末端尖细，背缘有几丁质粗厚部。足粗细适中，黄褐色或赤褐色。各关节处有明亮淡黄色环带，在背缘也有同样淡色的纵带。基节Ⅰ外距窄长；基节Ⅱ～Ⅳ外距粗短，按节序渐小。爪垫短小，不及爪长之半（图 132）。

宿主与寄生部位：牦牛、绵羊、山羊、马、骆驼。体表。

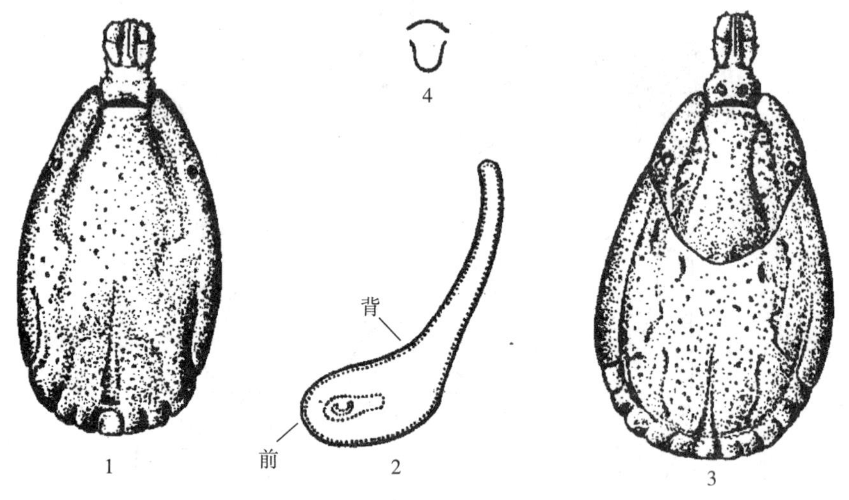

图 132　亚洲璃眼蜱（*Hyalomma asiaticum*）

1～2. 雄虫　1. 假头及盾板　2. 气门板

3～4. 雌虫　3. 假头及躯体背面　4. 生殖孔

扇头蜱属 *Rhipicephalus* Koch，1844

后沟型蜱类。体型较小，体色单一，一般无珐琅色斑；须肢短，第Ⅰ、第Ⅱ节间可动，有些种类第Ⅰ节背面可见，腹面具片状凸起，略呈三角形；假头基六角形，且前侧缘不凹入；具眼；缘垛明显；具肛后中沟；肛门瓣具 4 对刚毛；雄蜱具肛侧板，多数还具副肛侧板；基节具内外距，距裂深；雄蜱或具尾突；气门板呈逗点形或长逗点形。

133. 微小扇头蜱　*Rhipicephalus microplus* Canestrini，1888

同物异名：微小牛蜱 *Boophilus microplus* Canestrini，1888

形态结构：雄蜱体小，长为 1.90～2.40 mm，宽为 1.10～1.40 mm（包括假头），中部最宽。假头短。假头基六边形，后缘平直；基突短，三角形，末端稍钝。须肢短粗，第1～3节腹面后内角向后凸出，呈钝突形。口下板短，齿式4/4，每纵列约8枚齿。盾板较窄，未完全覆盖躯体两侧；黄褐色或浅褐色；表面有细颗粒点和淡色细长毛。刻点稀少，在颈沟之间稍多，粗细中等。颈沟浅而宽，浅弧形向外，末端约达盾板前1/3。眼小，扁平。侧沟和缘垛缺失。尾突明显，三角形，末端尖细。肛侧板长，后缘内角向后伸出呈刺突。气门板长圆形，较雌蜱的稍短。足按次序渐粗。基节Ⅰ前角显著凸出，从背面可见；2距粗短，略呈三角形，内距较外距稍宽，其长与外距约等。基节Ⅱ的2距粗短而圆钝，内距较外距稍宽。基节Ⅲ的2距与基节Ⅱ相似。基节Ⅳ无距。跗节Ⅰ长而粗，亚端部窄，末端有一尖齿。跗节Ⅱ～Ⅳ短而细，亚端部逐渐变窄，末端及亚端部各有一齿突，末端细长。爪垫短，不及爪长的一半。

雌蜱未吸血个体长为2.10～2.70 mm（包括假头部分），宽为1.10～1.50 mm，饱血后大小可达12.50 mm×7.80 mm。假头宽大于长。假头基六角形，前侧缘直，后侧缘浅，后缘略向后弯；基突缺失或短粗；孔区大，呈圆形，向前显著外斜，间距略大于短径。须肢短粗，靠边缘着生细长毛；口下板短粗，齿式4/4，每纵列8～9枚齿。盾板长大于宽，略呈五边形，前侧缘稍凹，后侧缘微波状，后角窄钝。刻点付缺。肩突粗大而长，前端窄钝。眼小，卵圆形，略微凸起，约位于盾板前1/3最宽处边缘。缘沟及缘垛付缺。气门板长圆形。足长中等。基节Ⅰ亚三角形，基节Ⅱ、Ⅲ外距相当短粗。基节Ⅳ外距不明显，内距缺失。跗节Ⅰ长，中部较为粗大，跗节Ⅱ～Ⅳ细长，末端及亚末端各有一齿突。爪垫短，不及爪长的一半（图133）。

宿主与寄生部位：牦牛、黄牛、奶牛、水牛、犏牛、绵羊、山羊、马、驴、猪、犬、猫、水鹿、青羊、野兔等。体表。

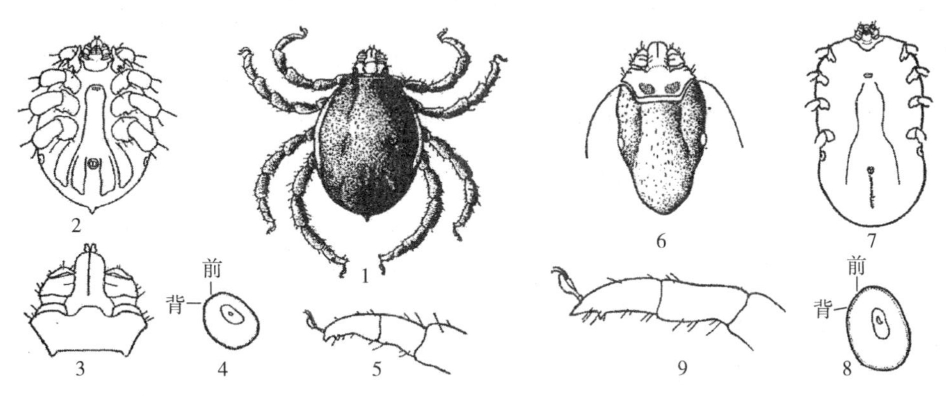

图133　微小扇头蜱（*Rhipicephalus microplus*）

1～5. 雄虫　1. 背面观　2. 腹面观　3. 假头背面　4. 气门板　5. 跗节Ⅳ

6～9. 雌虫　6. 假头及盾板　7. 假头及躯体腹面　8. 气门板　9. 跗节Ⅳ

软蜱科　Argasidae Canestrini，　1890

体型扁平，多呈卵圆形，前端稍窄，大部分接近土色，少数灰黄色，一般体长2～15 mm，吸血后可增重十几倍。背面无坚硬盾板，表皮革质，布满皱纹或颗粒，甚至呈结节状。假头位于腹面前下方，假头基小，无孔区，须肢各节可自由活动，呈圆柱形。口下板不发达，齿也较小。螯肢结构同硬蜱，大多无眼，生殖孔与肛门同硬蜱，而爪垫不发达或已退化。气门1对，位于腹侧缘第Ⅳ基节后方。

▶ **钝缘蜱属** *Ornithodorus* Koch，1844

体型椭圆，前端明显窄，体缘厚钝，背面与腹面间无缝线分隔。表皮革质，上面布有乳突状或结节状突起。

134. 拉合尔钝缘蜱 ***Ornithodorus lahorensis*** **Neumann，1908**

形态结构：雄蜱大小约为 8.00 mm×4.50 mm；雌蜱大小为 10.10 mm×5.60 mm。成蜱呈卵圆形，前端尖，后缘钝圆，背面表面呈皱纹状，有多星状小窝。躯体前半部中段有 1 对长形盘窝，中部有 4 个圆形盘窝，排列略呈四边形。假头中等大小，头窝较深而窄，假头基呈矩形，宽约为长的 1.4 倍。须肢长筒形，口下板齿式为 2/2，每纵列有 6～8 枚齿。肛前沟浅而不完整，肛后中沟明显，紧靠肛门之后，肛后中沟两侧有几对不规则的盘窝。气门板呈新月形。无眼。跗节Ⅰ背缘有 2 个粗大的瘤突和 1 个粗大亚端瘤突；跗节Ⅱ～Ⅳ的假关节短，背缘有一小瘤突，亚端部背缘有一大的瘤突（图 134）。

宿主与寄生部位：牦牛、黄牛、绵羊、山羊、骆驼、马、驴、犬、鸡。体表。

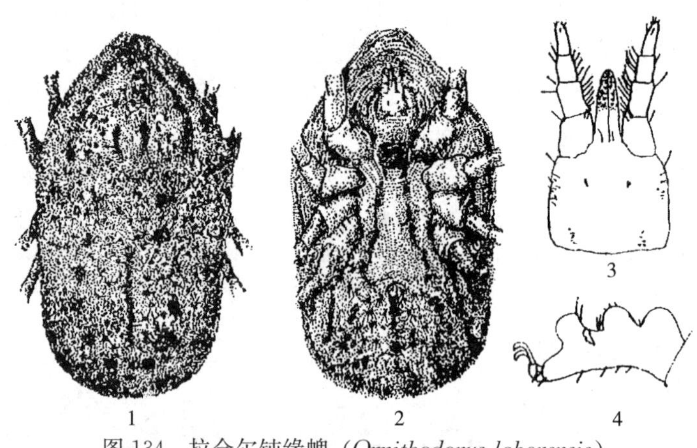

图 134　拉合尔钝缘蜱（*Ornithodorus lahorensis*）

雌虫：1. 虫体背面　2. 虫体腹面　3. 假头　4. 跗节Ⅰ

真螨目　Acariformes Krantz, 1978

无气门，或有气门 1 对，位于假头上或其附近第 1 基节前，须肢为钳状或为感觉器官，螯肢多作刺器，某些种类也有呈钳状的。可能有生殖吸盘，但均无肛吸盘。

疥螨科　Sarcoptidae Trouessart，　1892

虫体圆形或囊状，颚体（口器）短。基部背面有 2 根刺或刚毛。有盾板和基节内突，无眼和气门。螯肢退化成钳状，须肢简单。足短圆锥形，套叠状。雌螨后 2 对足不凸出体缘，足末端为吸盘或刚毛，吸盘柄不分节。雌螨产卵孔为一单横缝。雄螨外生殖器骨化较深，呈钟形，前方有一细长生殖器前突。无肛吸盘及尾突。

▶ **疥螨属** *Sarcoptes* Latreille，1802

背面中部有三角形鳞片及棒状刺，雄虫第 1、第 2、第 4 对足肢末端都有吸盘，而雌虫仅第 1、第 2 对足末端有吸盘。肛门位于体后端。

135. 牛疥螨 *Sarcoptes scabiei* var. *bovis* Cameron，1924

形态结构：虫体较小，体长为 0.20～0.50 mm，呈灰白色或黄白色。头、胸、腹区分不明显。体表由坚韧的角皮构成，有许多刚毛。假头呈圆形，腹面有 4 对圆锥形肢，粗而短，前2对伸出体缘，后2对不伸出体缘。雌虫第1对和第2对末端有带柄吸盘；第3对和第4对足末端无吸盘。雄虫第1对、第2对和第4对足末端有带柄吸盘（图135）。

宿主与寄生部位：牦牛、黄牛、犏牛。皮肤。

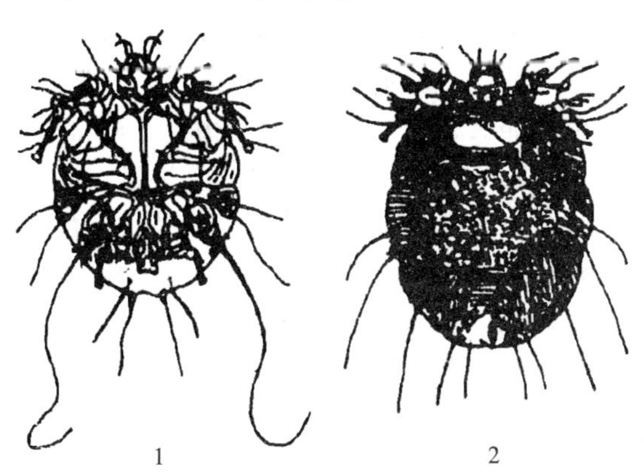

图135　牛疥螨（*Sarcoptes scabiei* var. *bovis*）

1. 雄虫腹面　2. 雌虫腹面

痒螨科　Psoroptidae Canestrini，　1892

体型长圆形，颚体长，基部背面无刺或刚毛，肢呈长圆锥形，前2对肢粗大，后2肢细长凸出体缘，吸盘柄长或短，分节或不分节，体后缘有生殖吸盘和尾突各1对。

痒螨属　*Psoroptes* Gervais，1841

吸盘柄长，分节，雄虫第1、第2、第3对足末端有吸盘，雌虫第1、第2、第4对足末端有吸盘，颚体呈长圆锥形。

136. 牛痒螨　*Psoroptes equi* var. *bovis* Gerlach，1857

形态结构：虫体呈卵圆形，前足体有背板，但无顶毛。体表皱纹细窄。雌螨大小为（0.38～0.39）mm×（0.23～0.25）mm。第1对和第2对足跗节末端呈爪状，有带短柄的吸盘；第3对足较细短，跗节末端有2根鞭状长毛；第4对足瘦长，有柄吸盘和1根长毛。雄螨大小为（0.27～0.31）mm×（0.21～0.22）mm，体后端有1对粗大的尾突，其上有数根长毛。第1和第2足跗节末端呈爪状，有带柄的吸盘和短毛；第3足长，有带柄吸盘和1根鞭状长毛；第4足很细短，末端无吸盘（图136）。

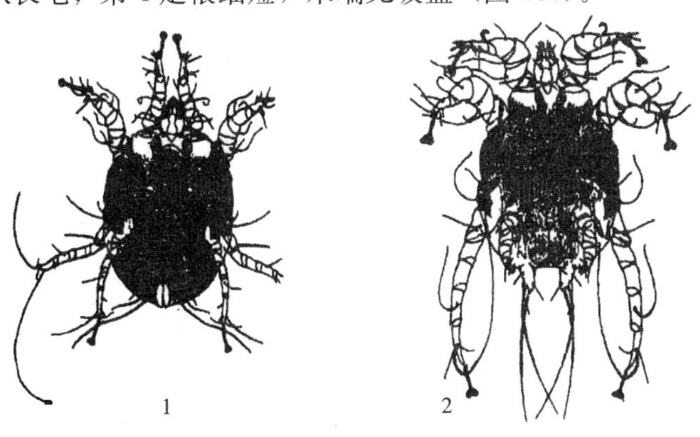

图136　牛痒螨（*Psoroptes equi* var. *bovis*）

1. 雌虫　2. 雄虫

宿主与寄生部位：牦牛、黄牛。体表。

昆虫纲 Insecta Linnaeus，1758

躯干分头、胸、腹 3 部，头部有 1 对触角，1 对大的复眼，口器分上唇、上咽、舌、大颚、小颚、下唇等。胸部分前、中、后 3 节，每节有 1 对足，各足分基节、转节、股节、胫节和跗节。有的昆虫胸部还有 1～2 对翅或平衡棒，腹部一般分节比较明显，除外生殖器外，各节上均无成对附肢凸起。体被有甲壳状外骨骼。有消化器官，从口至肛门的消化管，分前中后肠 3 段，有马氏管，为排泄器官。呼吸器官有 1 对纵列两侧的气管，开口于两侧的气门，气管还有分支。有的昆虫还有气囊。有循环系统，由背管、血腔和无色的血液组成。有神经系统，由脑（食管上神经节）和一系列的神经节、神经索及纤维组成。发育过程分别有全变态、不全变态、无变态 3 种。

虱目 Anoplura Leach，1815

也称吸虱。体长不超过 6.00 mm，无翅，背腹扁平，具较厚的几丁质外皮，头部较胸部窄，呈菱形或锥形，头前端为口器与唇基，其后为额片。口器为刺吸型，包括吸柱，口的周围有口前齿 15～16 个、刺器囊、刺器、口漏斗等，刺器又包括背刺、腹刺、唾液管刺等。无触须，触角 3～5 节，复眼退化，或无眼，胸节融合为一。1 对气门位于前胸和中胸间，足粗短，足胫节端部有胫指，跗节尖端有个发达的爪，与胫刺相对。腹部无真正尾铗。为无变态发育。

血虱科 Haematopinidae Enderlein， 1904

较大的吸虱，无眼，触角后有眼突。触角 5 节，具 1 对后头表皮突，形如两根短棒自后头中央向后伸出。胸部背面后侧角向后具叶状小突，中央有明显的胸窝，腹面有近矩形胸板，胸板两侧处有 2 个很小的胸板表皮突窝。腿大小及形状均相似，胫突发达，末端有一棘状刚毛。腹片Ⅲ～Ⅶ具侧背片，位于腹节侧突上，边缘不游离。寄生于猫、牛、鹿及马、兔等。

▶ **血虱属** *Haematopinus* Leach，1815

腹部具背板和侧板。

137. 阔胸血虱 ***Haematopinus eurysternus*** **Denny，1842**

同物异名：牛血虱 *Haematopinus bovis* Nitzsch，1818

形态结构：较小的血虱。头宽度大于长度之半，后头部两侧明显向后内收，故眼突处很宽。胸部明显宽于头部。胸板呈长方形，长大于宽；前侧角突小，中央突宽，均具钝角，后侧角无突，钝圆。胸板表皮突窝位于前侧角外的前侧方。后腿基节有小后突。腹部较阔，呈皮革样膜质，色较淡，有皱褶。背面中央背片弱硬化，其外侧与侧背片间具硬化片，略呈圆形硬化稍强。除Ⅲ～Ⅷ节外，节Ⅱ也有很小的侧背片。侧背片后缘刚毛 2 根。腹面膜质。雌性长为 2.60～3.40 mm。节Ⅷ生殖足板斧状，具细长柄，其倾斜的内侧略外凸，具一排较硬的长刚毛，呈梳状。雄性长为 2.10～2.50 mm。背片硬化较雌性强。生殖腹片后端钝圆，两侧缘具弧形内凹，其前部具刚毛 6 根，有时仅有 5 根。外生殖器明显不对称（图 137）。

宿主与寄生部位：牦牛、黄牛、水牛。体表。

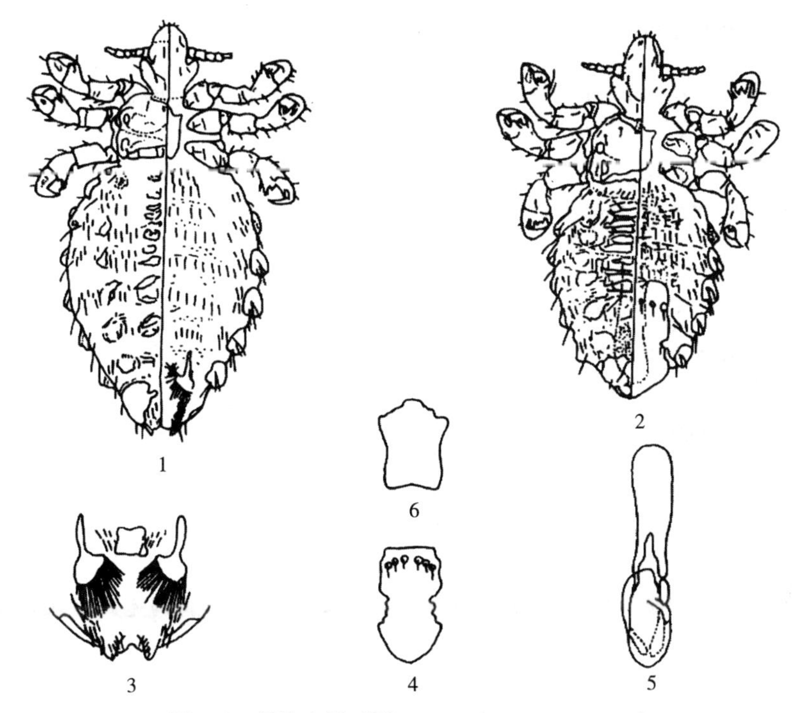

图 137　阔胸血虱（*Haematopinus eurysternus*）

1. 雌虱　2. 雄虱　3. 雌虱外生殖器　4. 雄虱外生殖器　5. 雄虱生殖片　6. 胸板

颚虱科　Linognathidae Webb，1946

中等吸虱。无眼，眼突不呈指状突，触角 4 节或 5 节。无胸板，如有胸板，后端不与体表游离。前腿短而细，具尖爪，中后腿略相等。有胫突。腹部膜质，无背片及腹片，无侧片或只在气门前有微凸。6 对气门位于第Ⅲ～Ⅷ节。寄生于牛、马、鹿、犬等。

颚虱属　*Linognathus* Enderlein，1905

触角 5 节。腹部各节背腹面常多毛，至少排成 2 横列。头长不超过胸长 2 倍。寄生于牛、羊、犬。

138. 牛颚虱　*Linognathus vituli* Linnaeus，1758

形态结构：雌虱体长为 1.80～2.61 mm。头长形，头前部呈锥形并比后部略短，头后部两侧缘直而平行，背面刚毛较短。胸部背板色深，无胸板。腹部表皮有网状纹，刚毛短而少，气门中等大小。生殖肢较宽，相互靠近，内角凸出呈钩状，生殖叶呈长形，末端窄而短。中央生殖片呈匙状，后半细而窄。雄虱体长为 1.50～1.90 mm，阳基侧突长，约等于阳基突，两侧缘较平直。生殖片前部较宽，其前侧角呈截状（图 138）。

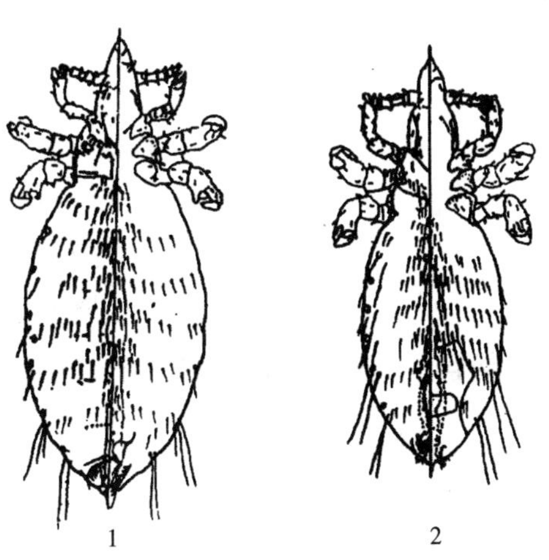

图 138　牛颚虱（*Linognathus vituli*）

1. 雌虱　2. 雄虱

宿主与寄生部位：牦牛、黄牛、水牛。体表。

食毛目 Mallophaga Nitzsch，1818

也称毛虱或羽虱，体长为 0.50～10.00 mm，一般较虱宽大而扁平。无翅。口器为咀嚼型，包括发达的大颚，其中齿十分发达，有 1 对小颚，有下唇。触角 3～5 节。眼退化。胸部中前胸常可活动，中后胸则常合二为一，有的种类前胸与中胸融合，羽虱爪 1 对，毛虱则 1 个或无，腹部各节都有背板和腹板，有的也有侧板，每节背腹后缘有成列鬃毛。雌虱尾端常分叉。为无变态发育。

毛虱科 Trichodectidae Kellogg, 1896

触角由 3 节组成，细而长，大颚为垂直运动。无触鬃，中后胸融合为一。足仅 1 爪，寄生于哺乳动物。

毛虱属 *Bovicola* Ewing，1929

前头部呈圆形凸出，不呈三角形，两性触角相同。

139. 牛毛虱 *Bovicola bovis* Linnaeus，1758

形态结构：虫体长约为 1.50 mm。头呈近三角形，头前缘呈狭圆，背部有许多微毛。两颊缘圆，头后部缘平直。触角细长，有 3 节，第 2 节粗短。前胸宽大于长。中胸和后胸愈合，比前胸宽。气孔成对。生殖突基部稍凸出，端部稍钝（图 139）。

宿主与寄生部位：牦牛、黄牛、水牛。体表。

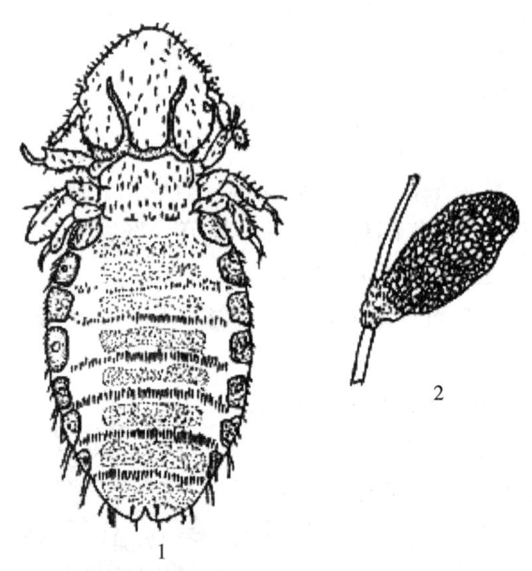

图 139 牛毛虱（*Bovicola bovis*）
1. 成虫 2. 附于宿主毛基部的虫卵

蚤目 Siphonaptera Latreille，1825

体小而侧扁，体壁硬而光滑，上有许多向后的鬃列。口器刺吸式，无翅，足很发达，发育史具完全变态，即有卵、幼虫、蛹和成虫 4 个阶段，幼虫无足，蠕虫形。成虫分头、胸、腹 3 部分。

蠕形蚤科 Vermipsyllidae Wagner, 1889

头胸腹部均无栉，也无端小刺。下唇须 5 节以上，后胸后侧片具长鬃列，其气门位置接近后缘。后胸侧拱和侧杆发达。中足基节有外侧内脊，后足胫节外侧有尖锐端齿。雌蚤腹部的腹板两侧在中线上左右部分地分离。两性均无臀前鬃。雌蚤无肛锥。

▶ 蠕形蚤属　*Vermipsylla* Schimkewitsch，1885

额突大，为脱落型，触角棒节长度稍大于宽，可见7个假节，下唇须10～17节，远长于前足转节，各足胫节后缘各具6～7个切刻，每一切刻内的2根鬃，一根短，另一根很长。后足第1跗节中线处向前弯曲。雄蚤腹中区不全呈膜质，雌蚤腹节腹板较大，在腹中线并不完全分离，受精囊头部为圆形或椭圆形。

140. 花蠕形蚤　*Vermipsylla alakurt* Schimkewitsch，1885

形态结构：未吸血前虫体呈黑褐色，大小为（1.50～2.00）mm×1.00 mm。额鬃列，雄蚤为3～7根，雌蚤为5～7根。眼鬃列为3～4根。颊突上一般1根鬃。前2列后头鬃分别为1～3根、2～4根。前、中胸背板颈片具假鬃。后胸后侧片3列鬃共9～15根。中、后足第5跗节有4对对称的侧跖鬃，其跖面的小毛仅密布于端半部。中腹节背板的主鬃列在气门下，雄蚤具2根鬃，雌蚤具1根鬃。雄蚤下唇须有10～14节，雌蚤为12～15节，其长度远超过前足转节之端。雄性抱器体前缘明显内凹，背缘较平直，背、腹缘长度大致相等。阳茎端中背叶呈锥形，粗短而基宽，侧叶宽，略似长方形、端圆。雌性受精囊头端为圆形或椭圆形，其宽度约等于眼的宽度（图140）。

宿主与寄生部位：牦牛、黄牛、绵羊、山羊、马、骡。体表。

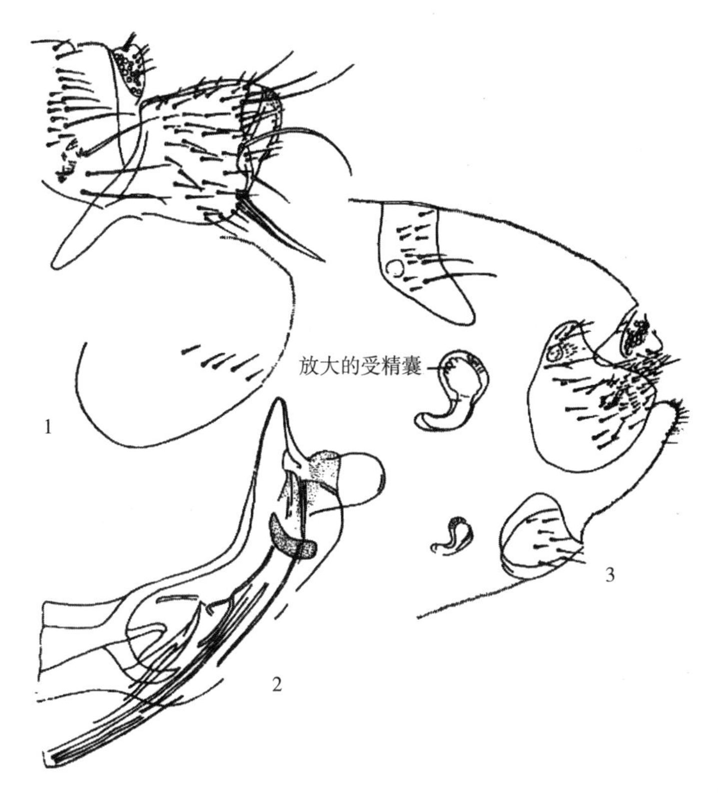

图140　花蠕形蚤（*Vermipsylla alakurt*）
1. 雄蚤变形节　2. 雄蚤阳茎端部　3. 雌蚤尾端
（吴文贞提供草图）

长喙蚤属 *Dorcadia* Ioff, 1946

同物异名：羚蚤属

无额突。下唇须特长，一般可超出前足胫末端，分16～30个小节。触角窝离头顶较远，眼大而有内窦陷，眼鬃3根。前、中胸背板均无假鬃。中后足胫节后缘各具4个切刻，后足第1跗节后缘无切刻。腹部腹板在中线上左右2侧完全分离。雄蚤整个中腹区完全是膜质，抱器柄突端宽，可动突末端窄，锥形。雌蚤受精囊头部袋形。

141. 羊长喙蚤 *Dorcadia ioffi* Smit，1953

同物异名：尤氏长喙蚤，尤氏羚蚤。

形态结构：体呈黄灰色乃至红灰色。含成熟卵的雌蚤体长可达16.00 mm。下唇须（喙）在17～21节，达到或稍超过前足胫节末端，有的雌蚤远超过胫节末端。额鬃列3～8根。眼鬃列3根。前2列后头鬃分别为1～3根、2～3根。后胸后侧片通常3列鬃，依次为1～3根、2～5根、4～6根。后足胫节后缘的切刻数4个，依次着生1根、2根、2根、2根鬃；后足第2、第3、第4跗节各具超过第5跗节末端的长端鬃。中腹节背板主鬃列在气门下，雄蚤具2（3）根鬃，雌蚤具1（0～2）根鬃。雄蚤抱器体后缘下半段具3（2）根长鬃。前缘明显内凹，背缘较平直，背、腹缘长度大致相等；抱器突柄两叶均钝圆而不尖，可动突前缘角远高于不动突，柄突比较细长，长为宽的4～6倍。阳茎端背叶呈锥形，粗短而基部宽；侧叶宽，略似长方形，端圆。雌蚤第8背板的气门较上有较多鬃，腹部中间背板的气门较眼和触角棒节大。受精囊呈圆形或椭圆形，其宽度约等于眼的宽度，尾端无乳突，但有月牙状骨化帽（图141）。

宿主与寄生部位：牦牛、黄牛、绵羊、山羊、马、驴。体表。

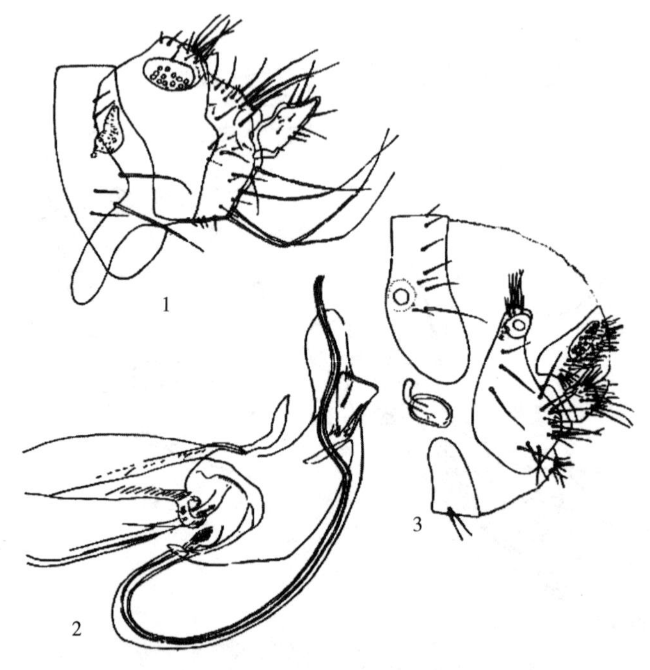

图141　羊长喙蚤（*Dorcadia ioffi*）

1. 雄蚤变形节　2. 雄蚤阳茎端部　3. 雌蚤尾端

（吴文贞提供草图）

142. 青海长喙蚤　*Dorcadia qinghaiensis* Zhan，Wu et Cai，1991

形态结构：形态、颜色与羊长喙蚤相似。下唇须，雄蚤为 22～27 节，雌蚤为 27～32 节，长度均超过前足胫节末端，为该属下唇须最长的种。雄蚤抱器突尖呈锥形，其长度等于或略大于可动突前角，柄突较宽短，长为宽的 2.5～3 倍。雌蚤中间腹节背板气门稍大于眼。受精囊尾端通常无乳突（图 142）。

鉴别特征：下唇须在 22～32 节。

宿主与寄生部位：牦牛。肩胛、颈、头和尾部乃至全身皮肤。

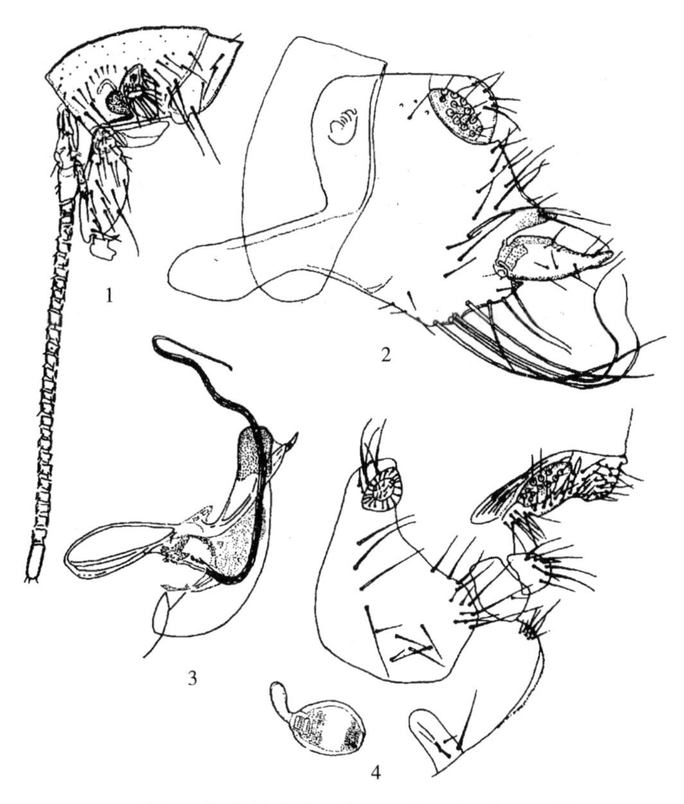

图 142　青海长喙蚤（*Dorcadia qinghaiensis*）

1. 下唇须　2. 雄蚤变形节　3. 雄蚤阳茎端部　4. 雌蚤尾端

（吴文贞提供草图）

双翅目　Diptera Linnaeus，1758

虫体不很大，长 2.00～40.00 mm。有 1 对发达的前翅，膜质，后翅均已退化，有的成为小棒状，个别科翅全部退化。头部常有 1 对大而发达的复眼，头由颈与胸部相连。口器有刺吸型、舐吸型或退化几种。一般口器下唇比较明显，仅缺下唇须。胸部 3 节，以中胸最为发达，各胸节间有一气门，每一胸节都有足 1 对。跗节 5 节。发育为完全变态。

皮蝇科　Hypodermatidae（Rondani，1856）Townsend，1916

大型蝇类，头及全身覆有黄色及白色长绒毛。触角上方有长而明显的额缝，两眼之间有间额与侧额之分。口器完全退化。口上片中部宽，与颜面合成盾形，下侧片有一束毛。复眼不大，雌蝇眼间距离大于雄蝇，触角第 3 节嵌于第 2 节内，触角芒简单无分支。翅的腋瓣较大，翅脉第1室开放，但较窄。中后足股节基部甚粗，胫节中部膨大，腹部有绒毛。幼虫小时为白色，随生长发育渐变褐色至黑褐色，体型粗短，口钩及口咽骨仅在第1龄幼虫可见，2、3龄幼虫退化。后气门1对，呈肾形，有许多小气孔。2龄幼虫小气孔可渐增长到20～40个，排列不围绕气门钮。体节上有扁平结节和体棘。

皮蝇属 *Hypoderma* Latreille, 1818

特征同科。

143. 牛皮蝇（蛆） *Hypoderma bovis* Linnaeus, 1758

形态结构：成蝇雄性体长为14.00～15.00 mm，雌性体长为16.00 mm（包括产卵器）。体壁几丁质呈黑色，被有较长而密的绒毛。胸部背面有4条不明显的无毛黑线，其前方有灰白色长绒毛，后方为短的黑绒毛。小盾板上为直立的灰白色绒毛，其尖端分为二叶状而无绒毛。腹部的基部与中段上分别由灰白色或淡黄色、黑色及橙黄色毛构成3条横纹，后端为橙黄色的长绒毛。足腿节较光亮，有少许细毛，大部分为黑色，胫节为棕色，跗节棕色，各足第1跗节较第2～4跗节的总长长。翅脉黑褐色，腋瓣大，其边缘为赤褐色。卵黄色，单个黏于牛毛上。第1期幼虫初孵化的长约为0.60 mm，其后可达17.00 mm。口钩尖端分为两叶，其后方无弯曲的尖齿。第2期幼虫后气门呈褐色或黑色，具有较多的小气门，通常为32～37个。第3期幼虫长度可达26.00～28.00 mm，为宽的1.8～2倍，第7腹节的前后缘均无刺。后气门凹陷较深，呈漏斗状，钮孔位于中部（图143）。

宿主与寄生部位：黄牛、牦牛，偶于马、驴、绵羊、山羊。皮下。

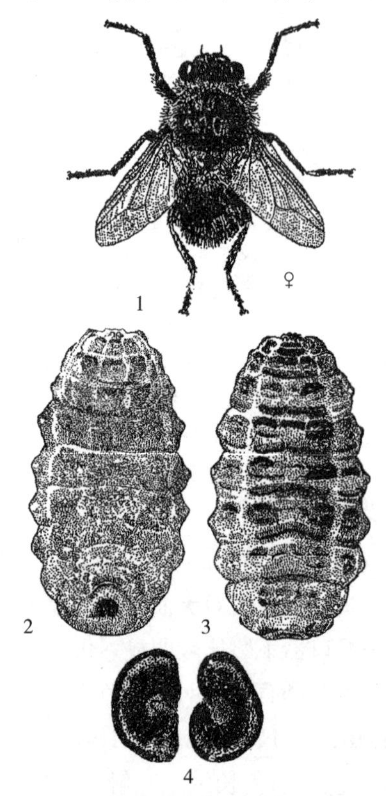

图143 牛皮蝇（蛆）(*Hypoderma bovis*)

1. 雌成蝇 2. 第3龄幼虫背面 3. 第3龄幼虫腹面 4. 第3龄幼虫后气门

144. 中华皮蝇（蛆） *Hypoderma sinensis* Pleske，1926

形态结构：成蝇体长为 11.00～13.00 mm，雌蝇产卵器伸出时可达 17.00～19.00 mm。体壁黑色，被有稠密而细长的绒毛。胸部背板上生有较稀疏的淡褐色至褐色并杂生有棕红色的毛，近小盾板处毛色变淡，棕色毛的尖部呈黄白色，再后均为淡黄白色毛，两侧毛密且色深呈黑褐色或部分毛尖色浅呈棕红色。盾沟前后各有 4 条无毛光亮清晰的黑色纵条，其周围有较明显或不明显的金黄色粉被，尤其是沟后两纵条较为明显。小盾板上被有淡黄白色丝状长绒毛，其后缘黑色光亮无毛，有的后缘中部微凹。小盾板后叶呈纺锤状，有的也有纤毛。胸部侧面生有淡黄白色毛。胸下是黑色或黑褐色毛，靠近足基节部毛尖棕色或棕红色。足转节棕色明亮，腿节黑色或黑褐色，有浓密长毛，部分毛尖呈淡黄白色。胫节棕色。跗节棕色或淡棕色，披金黄色光亮粉被。腹部有不同色彩的较长的毛，第 2 腹背板上密生较长淡黄白色绒毛，第 3 节毛稍短，黑色，近第 4 节毛微带红铜色或部分毛尖为红铜色，第 4 节、第 5 节毛呈红铜色或稍暗的橘红色。翅淡灰色，翅脉褐色。卵黄色，呈单侧羽状排列，黏于牛毛上，每根毛一般有 7～15 枚，最多可达 30 枚以上。第 1 龄幼虫乳白色，大小为（3.50～12.00）mm×（0.75～2.00）mm。第 2 龄幼虫浅黄白色，后气门呈葡萄状。小气孔橙色、排列较稀疏，有 20～80 个，多数为 40～60 个，一般两侧数目不等。第 3 龄幼虫大小为（19.00～25.00）mm×（8.00～11.00）mm。长与宽之比为（2.3～2）：1。第 7 腹节腹面前后缘均有刺。后气门肾形、较平，钮孔位于中部，稍凸出（图 144）。

宿主与寄生部位：牦牛、牛。皮下。

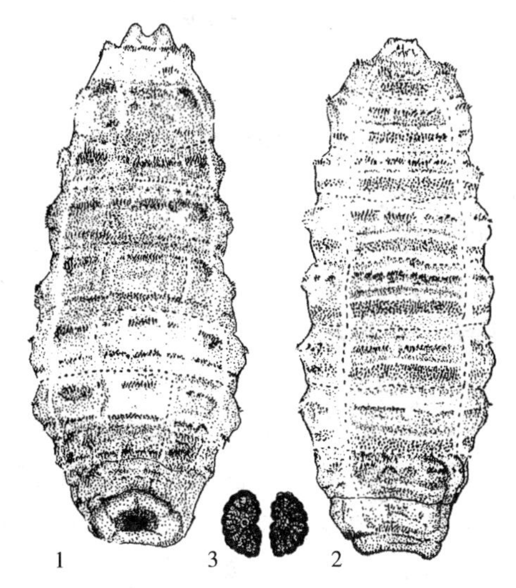

图 144　中华皮蝇（蛆）（*Hypoderma sinensis*）

1. 背面　2. 腹面　3. 后气门

145. 纹皮蝇（蛆） *Hypoderma lineatum* De Villers，1789

形态结构：成蝇，形态与中华皮蝇无明显差别。卵为黄色，每根牛毛上常整齐地排列 7～8 枚至 10 余枚，一般见于牛的颈与肛门连线以下部分。第 1 龄幼虫，口钩前端尖细，其后方不远处有向后的尖齿 2 个。体长为 0.55～1.70 mm。第 2 龄幼虫，气门呈橙色或黄褐色，小气门较少，一般在 12 个以上，常为 18～25 个。第 3 龄幼虫，长可达

26.00 mm，为宽的 2.2～2.4 倍。第 7 腹节腹面仅后缘有刺，后气门分隔，气门板较平（图 145）。

鉴别特征：第 3 龄幼虫第 7 腹节腹面仅后缘有刺。

宿主与寄生部位：牦牛。第 1 龄幼虫寄生在咽、食道、瘤胃周围结缔组织和脊椎管中；第 2 龄、第 3 龄幼虫寄生在背部皮下。

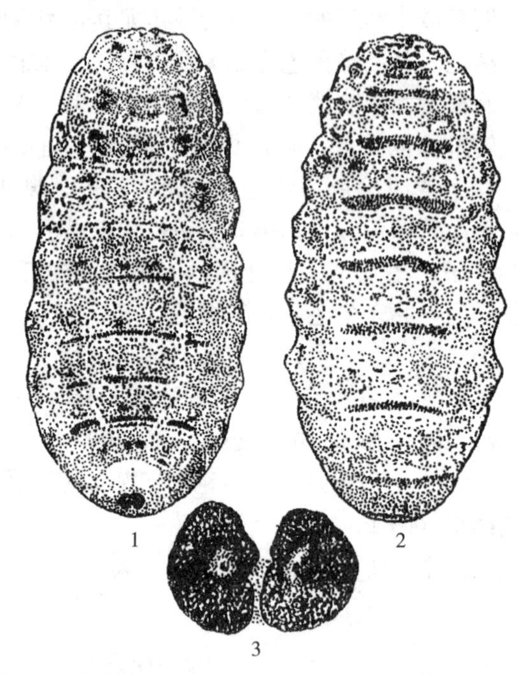

图 145 纹皮蝇（*Hypoderma lineatum*）（第 3 龄幼虫）

1. 背面 2. 腹面 3. 后气门

螫蝇科 Stomoxyidae Meigen, 1824

刺吸型口器，静止时针状口器不能收入器窝内，唇瓣不发达。翅 m1+2 向前呈弧状弯曲，下腋瓣不很宽大，后内缘常与小盾片侧缘明显地分开。触角芒具毛。

▶ 螫蝇属 *Stomoxys* Geoffroy, 1762

暗灰色，喙细长，近端较大，自头下面向前伸出。下唇尖端为 1 对唇缘，内面各有齿 5 个，各齿间有叶状割片。触须短，不及喙长一半。触角芒背侧具长毛。翅第 4 纵脉向前呈轻度弧形弯曲，端室开放。胸部背板有黑灰色条纹。腹部具点状和带状黑斑。

146. 厩螫蝇 *Stomoxys calcitrans* Linnaeus, 1758

形态结构：雄性额很宽，它的宽度约为头宽的 1/4，间额宽为一侧额宽的 3 倍以上。雌性额正中有长或短的淡色粉被纵条，侧额鬃在 2 行以上。翅部第 4、第 5 合径脉下面的小鬃列仅见于基部，不超过径中横脉。体长为 5.00～8.00 mm（图 146）。

宿主与寄生部位：牦牛、黄牛、水牛、马、羊、猪。体表。

▶ 血喙蝇属 *Haematobosca* Bezzi, 1907

同物异名：血刺蝇属 *Bdellolarynx* Austen, 1909

小型蝇，颊部低，触角芒羽状，上侧具长纤毛，下侧也有纤毛。中胸背板横沟前外方的纵行条纹略呈三角形，翅 $2R_5$ 室开口窄。

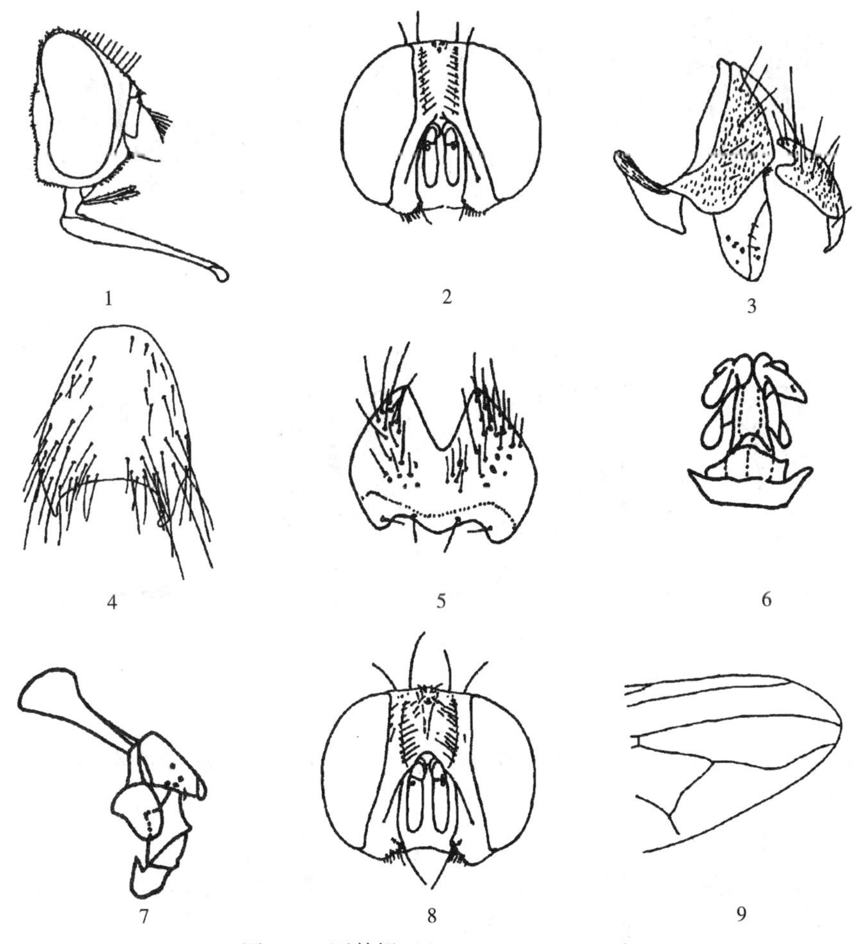

图 146　厩螫蝇（*Stomoxys calcitrans*）

1. 雄蝇头侧面　2. 雄蝇头前面　3. 雄蝇尾叶侧面　4. 雄蝇第 5 腹板　5. 雄蝇肛尾叶后面　6. 雄蝇外生殖器后面　7. 雄蝇外生殖器侧面　8. 雄蝇头前面　9. 翅（端部一半）

147. 刺血喙蝇　*Haematobosca sanguinolenta* Austen，1909

同物异名：血刺蝇　*Bdellolarynx sanguinolenta* Austen，1909

形态结构：成蝇小型，眼高颊低，触角长。触角芒羽状，下方有 3～5 根纤毛；中胸背板横沟前外方的纵条呈楔形。腹部背板有正中纵斑和成对的侧斑。雄性第 3 背板、第 4 背板侧方有 1 对深色斑；中胸盾片沟前外方的纵条不呈三角形；下颚须中段细而稍弯曲。体长为 5.00～6.00 mm。3 龄幼虫的后气门呈圆形，较小，气门裂较短粗；第 1 气门裂、第 2 气门裂靠近（图 147）。

宿主与寄生部位：牦牛、牛、马、羊、猪。体表。

虻科　Tabanidae Latreille，　1819

体型像蝇，体长为 10.00～40.00 mm，头大、足短、翅宽，有触角，由 3 节组成，第 3 节端部由 3～7 节组成触角尖端，不同于蝇类触角芒。触须 1～2 节。刺吸型口器。有翅，与蝇类翅脉不同，靠翅后缘处有 5 个后室，1 个封闭中室。足与其他双翅目昆虫不同处为足端有 1 对大的爪及 1 对爪垫，中刺和爪间体十分发达，成为爪间垫。虻腹部

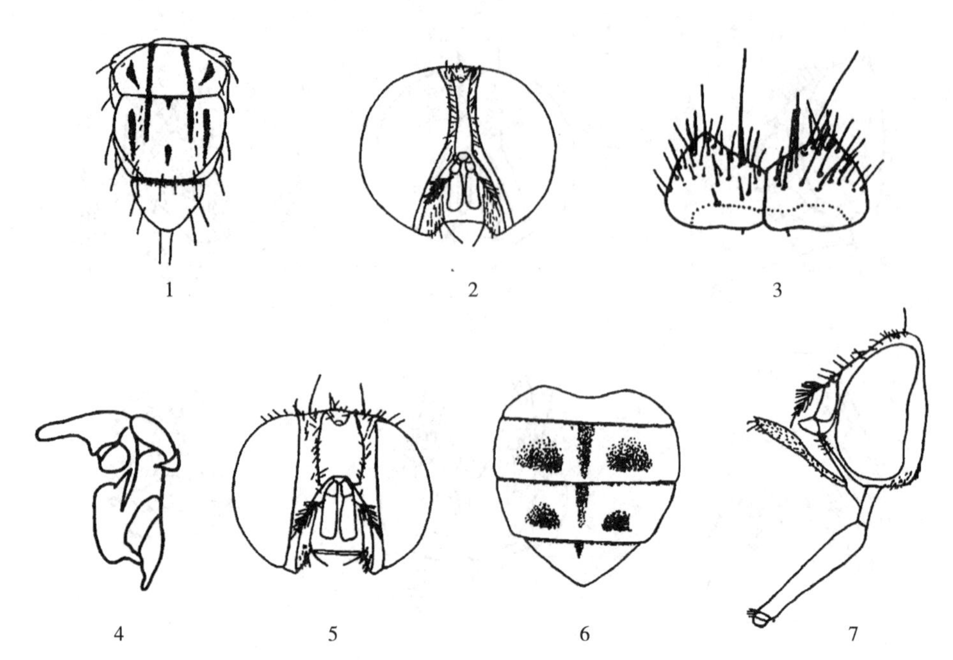

图 147　刺血喙蝇（*Haematobosca sanguinolenta*）

1. 雄蝇胸部背面　2. 雄蝇头前面　3. 雄蝇肛尾叶　4. 雄蝇外生殖器侧面
5. 雌蝇头前面　6. 雌蝇腹部背面　7. 雌蝇头侧面

较扁平，尾端呈尖形或方钝形，明显可辨的有 7 节。背面有深淡颜色不同的纵条纹或横带纹。

斑虻属　*Chrysops* Meigen，1803

体型较小，触角第 2 节甚长，最少为直径的 2 倍。触角第 3 节具 5 个环节。单支，不分叉。翅具大块深色斑，后足胫节末端有距。

148. 中华斑虻　*Chrysops sinensis* Walker，1856

形态结构：雌虻体长为 8.00～10.00 mm。头部额胛适度大，黑色，两侧缘不与眼相接触。口胛、颜胛均为黄色，颊胛不甚明显。触角第 1 节、第 2 节及第 3 节基部黄色，并覆黑毛，其余部分黑色。颚须适度长，并呈黄色。胸部背板黑色、覆灰色粉被、有 2 条浅黄灰色条纹，背板两侧具黄色毛。侧板灰色。翅透明，横带斑锯齿状，端斑呈带状，与横带相连接处占据着整个第 1 径室。足黄色，跗节端部呈暗棕色。腹部背板浅黄色，第 2 背板中部具 2 个“八”字黑斑，第 3～5 节有断续黑色条纹，其后各节呈黄灰色，被同色毛。腹板第 1 节、第 2 节黄色，第 2 节中央具黑色小斑，其余各节黑色，具灰色粉被。

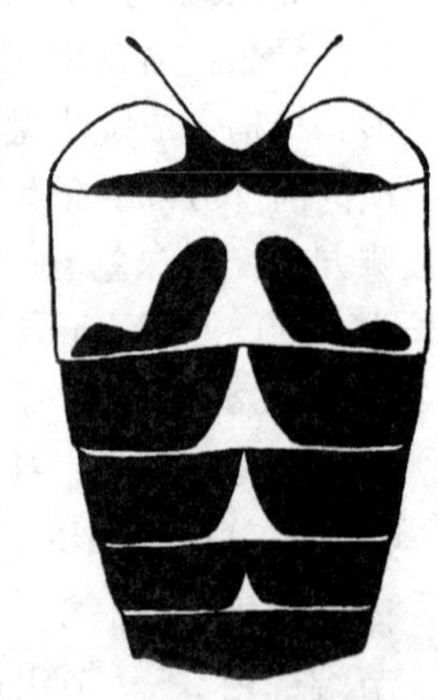

图 148　中华斑虻
（*Chrysops sinensis*）

雄虻体长为 9.00～10.00 mm。复眼上半部 2/3 小眼面大于下半部小眼面。颜胛、口胛黄色光泽，中央被 1 条纵带分成为两部分。颊胛小、黑色。翅、足皆同雌虻。腹部背板第 1 节黑色，两侧有棕黄色斑，第 2～4 节黄色，中央具“八”字形黑斑，其后几节黑色。腹板基部 3 节黄色，其后各节黑色。腹部纹饰变异较大（图 148）。

蚊科　Culicidae Meigen，　1818

喙细长，属刺吸式口器，翅脉和翅缘具鳞片，足细长，具鳞，头胸部以及多数种的腹部也有鳞。幼虫胸部比头部和腹部宽，且不分节，无足，周身有毛。发育史为全变态。本科所列寄生虫寄生于家畜、家禽体表。

按蚊属　*Anopheles* Meigen，1818

翅通常有黑白斑，雌蚊翅须与喙约等长，雄蚊触须末 2 节膨胀，腹部无鳞或鳞被不完整。小盾片单叶，后缘圆。成蚊休止时与停息面有一定角度。卵呈舟形，两侧有浮囊，散浮于水面。幼虫无呼吸管，有鬃状毛，静止时与水面平行。蛹呼吸角圆锥形，漏斗口大且有裂缝，尾鳍毛 2 根，前后排列。

149. 中华按蚊　*Anopheles sinensis* Wiedemann，1828

形态结构：雌蚊触须具 4 个白环，前 1/3 的前半有 2 个等宽的白环夹一约等宽的黑环，翅前缘脉基部具散在淡色鳞，前脉具 2 个白斑，尖端白斑大，自 $V_{2.1}$ 末端延伸至 V_3 末端。$V_{5.2}$ 末端有一白斑，后足跗节 1～4 具端白环。腹节Ⅱ～Ⅶ腹板上各有 1 对舌状白斑；腹节Ⅶ腹板的褐鳞簇较大；各腹节侧膜在新鲜标本上可见一“T”形暗斑，雄蚊抱肢基节背面具很多淡鳞。卵两端钝圆，船面两端较宽，中部窄，中宽约占卵宽的 1/3。浮囊较短，占卵长的 2/5～3/5，具肋 19～26 个（平均 23.3 个）。幼虫头部具带状暗斑；头毛 3-C 分 34～59 支（平均 44 支），腹节Ⅲ～Ⅶ的鬃状毛发达，色素分布较均匀，腹节Ⅷ背板较大，横矩形，长宽之比不到 2/3。蛹色较淡，触角鞘末端色淡。翅鞘上具小圆斑。呼吸角色淡，漏斗口裂较浅宽，口缘刺较少而小（图 149）。

宿主与寄生部位：主要寄生于牛（包括牦牛）、马、驴、羊、猪。体表。

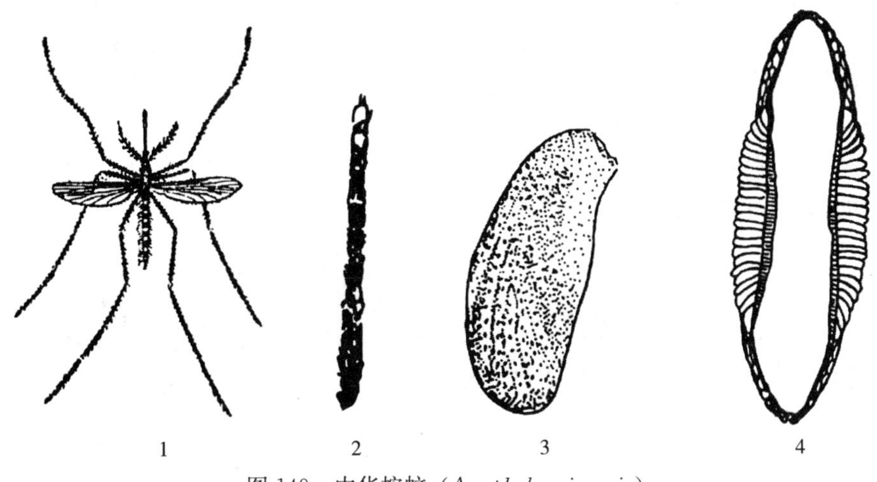

图 149　中华按蚊（*Anopheles sinensis*）

1. 成虫　2. 触须　3. 翅鞘　4. 卵

五口虫纲　Pentastomida Shipley，1905

同物异名：蠕形纲

虫体细长，呈蠕虫状，常如舌形，不分节，无翅、足等附肢，体表有许多环纹或褶。虫体前部粗，向后渐细。口孔圆形或卵圆形，附近有 2 对钩，也称口钩，有的虫种口钩能伸缩。虫体腹面平。无专门呼吸器官，以表皮呼吸。消化器官有口、小口腔、具吸吮功能的咽、食道、肠和直肠，肛门开口于体后部。雄虫生殖孔开口于体前端近口处的腹面，睾丸 1 个或 2 个，细长，有雄茎囊和雄茎。雌虫有 1 个细长的卵巢，1 对输卵管，1 个子宫，阴门开口于体前端或后端。卵胎生。幼虫似螨类，寄生于哺乳类等动物，形成包囊。成虫寄生于肉食哺乳动物或爬行动物的呼吸道或鸟类的气囊中。

舌形虫目 Porocephalida Heymons，1935

口位于口钩间或位于口钩下方。

舌形科 Linguatulidae Haldeman，1851

虫体扁平，但背面稍隆起。口钩在前端腹面，弧形。消化道位于虫体中央线。雄虫 2 个睾丸，雌虫子宫和阴道缠绕于消化道。幼虫有 2 对足。成虫寄生于犬、猫等肉食动物。

舌形属 *Linguatula* Frölich，1789

特征同科。

150. 锯齿舌形虫 *Linguatula serrata* Frölich，1789

形态结构：虫体长形，呈舌状。体有明显的锯齿状环纹，83～94 条。口器呈长圆形，位于虫体前端腹面正中，两侧有 2 对棕黄色的角质小钩，钩长为 1.21～1.37 mm。口腔小，呈矩形，食道呈长管状。肛门位于虫体末端。雄虫大小为（21.00～25.00）mm×（3.50～4.10）mm。睾丸 2 个，呈长管状，长为 2.85～4.72 mm，睾丸雄茎、雄茎囊位于虫体前半部中央。生殖孔开口于虫体前端的腹面。雌虫头端钝圆，向后逐渐变窄，长为 45.00～67.00 mm，体前宽为 6.00～12.00 mm，体后宽为 0.54～1.10 mm。卵巢 1 个，细而弯长，位于虫体前半部，2 条输卵管连于子宫，子宫发达，在虫体前端盘曲呈网状，子宫内充满虫卵，阴门开口于口囊之后。虫卵呈卵圆形，棕褐色，大小为（70.00～85.00）μm×（50.00～65.00）μm（图 150）。

宿主与寄生部位：成虫寄生于犬的呼吸道。幼虫寄生于牦牛、山羊、绵羊、马、牛、兔等家畜的肠系膜淋巴结、肺门淋巴结、肺、肝等内脏。

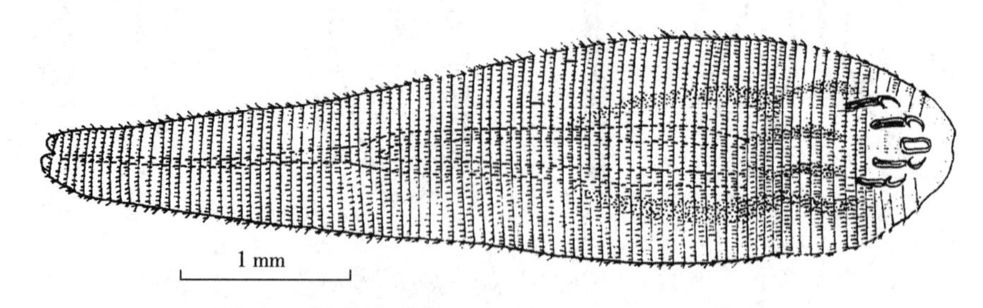

图 150　锯齿舌形虫（*Linguatula serrata*）（若虫）

151. 舌形虫未定种 *Linguatula* sp.

鉴别特征：终末宿主为牦牛。虫体呈白色舌状，大小为 21.50 mm×7.00 mm，体表约有 60 个明显的环纹。体中部黄色，呈纵向隆起，两侧菲薄而半透明（图 151）。

宿主与寄生部位：牦牛。鼻道。

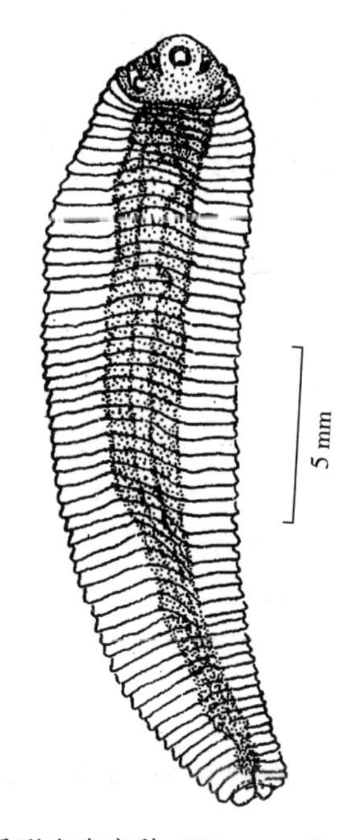

图 151　舌形虫未定种（*Linguatula* sp.）（成虫）

主要参考文献

MAIN REFERENCES

北京农业大学，1981. 家畜寄生虫学［M］. 北京：农业出版社.
陈淑玉，汪溥钦，1994. 禽类寄生虫学［M］. 广州：广东科技出版社.
邓国藩，1978. 中国经济昆虫志·第十五册·蜱螨目·蜱总科［M］. 北京：科学出版社.
邓国藩，姜在阶，1991. 中国经济昆虫志·第三十九册·蜱螨亚纲·硬蜱科［M］. 北京：科学出版社.
黄兵，2014. 中国家畜家禽寄生虫名录［M］. 2 版. 北京：中国农业科学技术出版社.
黄兵，沈杰，2006. 中国畜禽寄生虫形态学分类图谱［M］. 北京：中国农业科学技术出版社.
蒋金书，2000. 动物原虫病学［M］. 北京：中国农业大学出版社.
孔繁瑶，1997. 家畜寄生虫学［M］. 2 版. 北京：中国农业大学出版社.
陆宝麟，1982. 中国重要医学动物鉴别手册［M］. 北京：人民卫生出版社.
青海省畜牧厅，1993. 青海省畜禽疫病志［M］. 兰州：甘肃人民出版社.
沈杰，黄兵，2004. 中国家畜家禽寄生虫名录［M］. 北京：中国农业科学技术出版社.
沈韫芬，1999. 原生动物学［M］. 北京：科学出版社.
唐仲璋，唐崇惕，1987. 人畜线虫学［M］. 北京：科学出版社.
汪明，2005. 兽医寄生虫学［M］. 北京：中国农业出版社.
王溪云，周静仪，1993. 江西动物志·人与动物吸虫志［M］. 南昌：江西科学技术出版社.
王裕卿，周源昌，1984. 有翼翼状吸虫在黑龙江犬体中的发现［J］. 东北农学院学报，4：26-30.
王裕卿，周源昌，1987. 管形钩口线虫的形态学研究［J］. 东北农学院学报，1：19-23.
王遵明，1983. 中国经济昆虫志·第二十六册·双翅目·虻类［M］. 北京：科学出版社.
王遵明，1994. 中国经济昆虫志·第四十五册·双翅目·虻科（二）［M］. 北京：科学出版社.
吴淑卿，尹文真，沈守训，等，1960. 中国经济动物志·寄生蠕虫［M］. 北京：科学出版社.
熊大仕，孔繁瑶，1956. 叶氏夏柏特线虫新种 *Chabertia crschowi* n. sp. 中国绵羊及山羊的一种新寄生线虫［J］. 北京农业大学学报（1）：117-124.
姚永政，许先典，1982. 实用医学昆虫学［M］. 北京：人民卫生出版社.
余森海，许隆祺，1992. 人体寄生虫学彩色图谱［M］. 北京：中国科学技术出版社.
虞以新，1989. 吸虫双翅目昆虫调查研究集刊［M］. 上海：上海科学技术出版社.
张龙现，宁长申，何青军，等，2000. 郑州奶牛球虫病流行病学调查与虫种鉴定［J］. 河南农业大学学报，34（1）：88-93.
张路平，孔繁瑶，2002. 马属动物的寄生线虫［M］. 北京：中国农业出版社.
赵辉元，1996. 畜禽寄生虫与防制学［M］. 长春：吉林科学技术出版社.
中国科学院动物研究所寄生虫研究组，1979. 家畜家禽的寄生线虫［M］. 北京：科学出版社.
中国科学院中国动物志委员会，2001. 中国动物志·线虫纲·杆形目·圆线亚目（一）［M］. 北京：科学出版社.
Christensen J，1941. The Oöcysts of Coccidia from Domestic Cattle in Alabama（U. S. A.）. with Descriptions of Two New Species［J］. The Journal of Parasitology，27（3），203-220.

Dong H，Li C，Zhao Q，et al.，2012. Prevalence of *Eimeria* Infection in Yaks on the Qinghai-Tibet Plateau of China [J]. Journal of Parasitology，98 (5)：958-962.

Levine N D，Ivens V，1967. The Sporulated Oocysts of *Eimeria illinoisensis* n. sp. and of Other Species of *Eimeria* of the Ox [J]. Journal of Eukaryotic Microbiology，14 (2)：351-360.

Pyziel A M，Jówikowski Micha，Demiaszkiewicz A W，2014. Coccidia (Apicomplexa：Eimeriidae) of the lowland European bison *Bison bonasus bonasus* (L.) [J]. Veterinary Parasitology，202 (3-4)：138-144.

Skrjabin K I，et al.，1957. Foundation of Nematode Vol. Ⅵ [M]. Moscow：Izdatelctbo Akagemii Nauk CCCP.

Yamaguti S，1959. Systema Helminthum Vol. Ⅱ The Cestodes of Vertebrates [M]. New York：Interscience Publ Inc.

Yamaguti S，1961. Systema Helminthum Vol. Ⅲ The Nematodes of Vertebrates [M]. New York：Interscience Publ Inc.

Yamaguti S，1971. Synopsis of Digenetic Trematodes of Vertebrates [M]. Tokyo：Keigaku Publishing Co.

中文检索词

N

P

Q

R

S

T

拉丁文检索词